Galileo 科學大圖鑑系列

VISUAL BOOK OF
THE PALEOORGANISM

古生物大圖鑑

人人出版

5億4200萬年前

新元古代

埃迪卡拉紀

（約6億3500萬～
5億4200萬年前）

→第28頁

古生代

寒武紀

（約5億4200萬～
4億8800萬年前）

→第34頁

奧陶紀

（約4億8800萬～
4億4400萬年前）

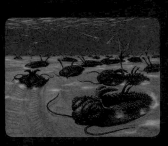

→第60頁

志留紀

（約4億4400萬～
4億1600萬年前

→第72頁

2億5100萬年前

中生代（恐龍的時代）

三疊紀

（約2億5100萬～
2億年前）

→第116頁

侏儸紀

（約2億～
1億4600萬年前）

→第120頁

白堊紀

（約1億4600萬～
6550萬年前）

→第130頁

節肢動物與魚類的時代）

泥盆紀

（約4億1600萬～
3億5900萬年前）

→第82頁

石炭紀

（約3億5900萬～
2億9900萬年前）

→第96頁

二疊紀

（約2億9900萬～
2億5100萬年前）

→第104頁

新 生 代（哺乳類的時代）

古近紀

古新世（約6550萬～5600萬年前）
始新世（約5600萬～3400萬年前）
漸新世（約3400萬～2300萬年前）

→第160頁

新近紀

中新世（約2300萬～530萬年前）
上新世（約530萬～260萬年前）

→第178頁

第四紀

更新世（約260萬～1萬年前）
全新世（約1萬年前～現在）

→第192頁

前　言

前　言

「古生物」是指那些曾生存在地球上，
但只有化石保留至今的生物。
例如暴龍、三角龍等「恐龍」，
就是其中最具代表性的生物。

除了恐龍之外，約５億4200萬年前出現的
代表性「寒武紀動物」── 奇蝦、
外披「甲冑」的魚類 ── 鄧氏魚、
在日本也有留下化石的菊石及索齒獸，
以及獵捕恐龍的爬獸等都是古生物，族繁不及備載。

對身處現代的我們來說，存於久遠年代的動物
不論動作還是外形，大多令人感到「奇妙」。

古生物學家想瞭解這些生物的生態與演化過程，

每天埋首於研究中。

當研究有了新的進展，或者有了新的發現，

可能就會大大地顛覆過去的理論與常識。

這可以說是研究古生物學的意趣所在。

本書會提到地球的歷史，也會介紹那些充滿魅力的古生物。

連背景的每一個植物葉片都是栩栩如生、精雕細琢的繪圖作品。

盡情感受前後40億年的生命躍動吧。

如果您對恐龍特別感興趣的話，

也歡迎參考人人伽利略系列的《恐龍視覺大圖鑑》。

VISUAL BOOK OF THE PALEOORGANISM 古生物大圖鑑

1
地球的誕生
（前寒武紀）

Birth of the earth (Precambrian)

約46億年前太陽系形成地球也隨之誕生

現在的地球處處皆是綠色植物，陸地與海洋都有許多生命。但在地球剛形成時，可以說是完全不同的面貌。

距今約46億年前的銀河系角落，太陽系開始形成。太陽開始核融合時，在其周圍的塵埃彼此靠近、聚集，形成直徑數公里至十公里左右的微行星。100億個微行星經過多次的撞擊及融合，形成了許多火星大小的原始行星。原始行星間經歷多次巨大的撞擊，逐漸成長茁壯形成行星。

在最後一次巨大撞擊中，地球上發生了大規模的蒸發熔融事件。這一次大碰撞所產生的巨大能量幾乎可以把整個地球融化，造成整個地表為岩漿海所覆蓋。

岩漿海中的水蒸氣蒸發後，形成了以水蒸氣為主體的原始大氣。水蒸氣是溫室效應很強的氣體，可以像毛巾一樣防止熱能散逸。這個岩漿海的時代持續了大約數百萬年。

大碰撞說

地球在原始行星間的撞擊中誕生。最後一次巨大撞擊後，飛散的碎片被地球重力捕捉，分布於地球周圍，一邊繞著地球公轉一邊互相撞擊、合併，不久後就合為一體，形成了我們所知的「月球」。月球目前距離地球38萬公里，不過科學家推論月球剛誕生時距離地球只有2萬公里。

前寒武紀

地球歷史可以概分成四個地質年代，從古到今分別是「冥古元」（約46億～40億年前）、「太古元」（約40億～25億年前）、「元古元」（約25億～5億4200萬年前）、「顯生元」（約5億4200萬年前～）。顯生元可再分成古生代、中生代、新生代。

冥古元、太古元、元古元合稱「前寒武紀」（Precambrian）。這段期間長達40億年，占了地球歷史的85%以上。如果把46億年當成一天，那麼在晚上9點以前都是前寒武紀。

在格陵蘭發現了
最古老海洋的存在證據

整個地球冷卻下來之後，岩漿海的表面開始凝固，形成一層如薄皮般的原始地殼。此時的原始大氣越來越不穩定，大量水蒸氣凝結並產生豪雨，這些雨水降至地表便形成了海洋。

科學家認為，海洋最晚在38億年前便已形成。證據是1990年代後半於格陵蘭伊蘇阿（Isua）地區發現的「枕狀熔岩」（pillow lava），這些枕狀熔岩有38億年的歷史。熔岩從海底噴出時，表面會在瞬間被海水冷卻，維持噴出時的球狀外形。球狀熔岩會順著斜坡滾動到低處，堆疊在一起並冷卻硬化。

另一方面，已知地球上最古老的物質是「阿卡斯塔片麻岩」（Acasta gneiss，花崗岩）。科學家在加拿大發現了約44億400萬年前形成、含有「鋯石」的花崗岩（由化學分析得知其年代），含鋯石就代表該處為大陸地殼※。要是沒有海的話就無法形成花崗岩，這表示當時已經有海洋形成。

※：覆蓋於地球表面，數十公里厚的岩石。地殼可以分成構成陸地的「大陸地殼」以及構成海底的「海洋地殼」。

照片為小笠原群島父島的枕狀熔岩（玻紫安山岩）。於4800萬～4600萬年前由海底火山活動生成。

堆積了好幾層的枕狀熔岩

枕狀熔岩

一般認為陸地上不會形成枕狀熔岩。從這些熔岩的存在可以推論這一帶過去是海洋。

格陵蘭

伊蘇阿

枕狀熔岩

最初的生命是如何出現的呢

俄 羅斯的生化學家奧巴林（Alexander Oparin，1894～1980）提出了「化學演化說」來說明生命的起源。該假說認為「大氣中的無機化合物反應後，會生成小分子的有機化合物」，接著「小分子的有機化合物再反應成高分子有機化合物，在海中逐漸累積進而形成原始湯（或稱太古濃湯）」，「原始湯中的蛋白質以及其他分子漸漸形成細胞的原型 —— 聚滴（coacervate）。這些複雜的化學反應反覆出現，便形成了最初的生命」。

另一方面，也有學者認為生命誕生於「海底熱泉」（hydrothermal vent）。水滲入海底，經岩漿加熱至300℃後噴出，形成如煙囪般的景象，這就是海底熱泉。約40億年前，熱水中的甲烷以及氨等無機化合物合成出了蛋白質、核酸等有機化合物，進一步形成原始細胞，開始代謝並形成原始生命。

除此之外，關於生命的誕生還有許多假說，至今尚無定論。

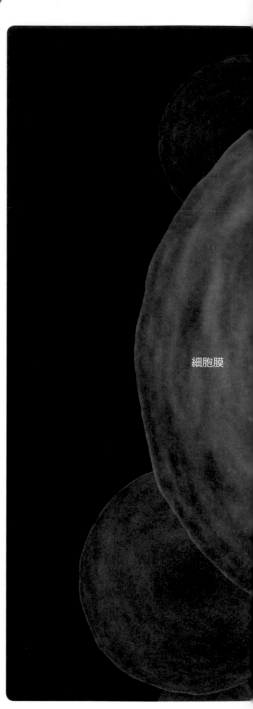

細胞膜

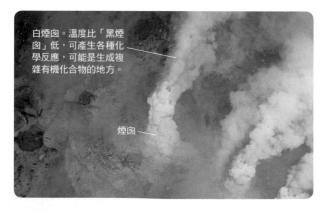

白煙囪。溫度比「黑煙囪」低，可產生各種化學反應，可能是生成複雜有機化合物的地方。

煙囪

海底熱泉
繼1977年美國潛水艇「阿爾文號」在加拉巴哥群島近海海底發現海底熱泉後，在世界各地也陸續發現了許多海底熱泉。海底熱泉坐擁熱源，又含有如甲烷、氨等豐富的化學物質可作為合成蛋白質及核酸的原料，都是有利於生命誕生的條件。

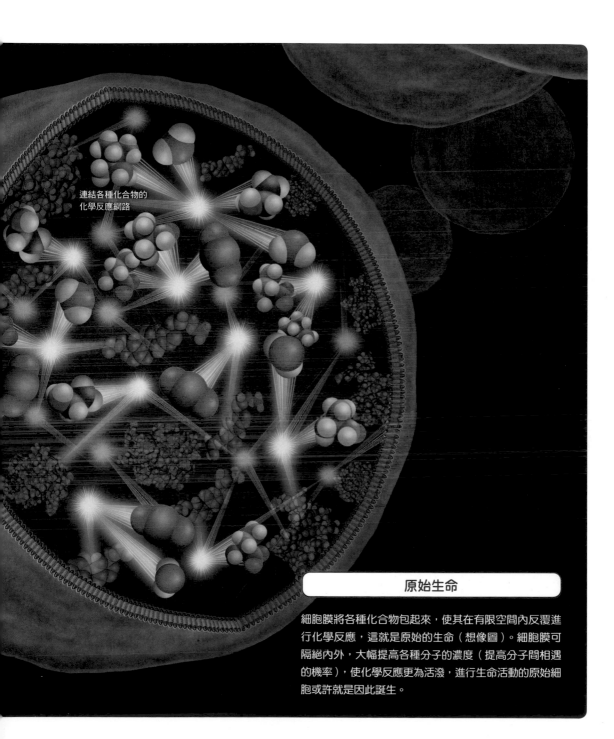

連結各種化合物的
化學反應網路

原始生命

細胞膜將各種化合物包起來，使其在有限空間內反覆進
行化學反應，這就是原始的生命（想像圖）。細胞膜可
隔絕內外，大幅提高各種分子的濃度（提高分子間相遇
的機率），使化學反應更為活潑，進行生命活動的原始細
胞或許就是因此誕生。

光合作用效率很高的「藍菌」

原始海洋中的生命需透過發酵等機制，來分解海中的有機化合物，並運用這些過程中產生的能量進行生命活動。

以有機化合物為食的生物逐漸增加，使海中原本相當豐富的有機化合物陸續被分解而越來越少，生命必須尋找新的能量來源才行。此時，海中就出現了所謂的「光合細菌」（photosynthetic bacteria）。光合細菌可在細胞內行光合作用，自行製造出可作為能量來源的有機化合物。早期的光合細菌在光合

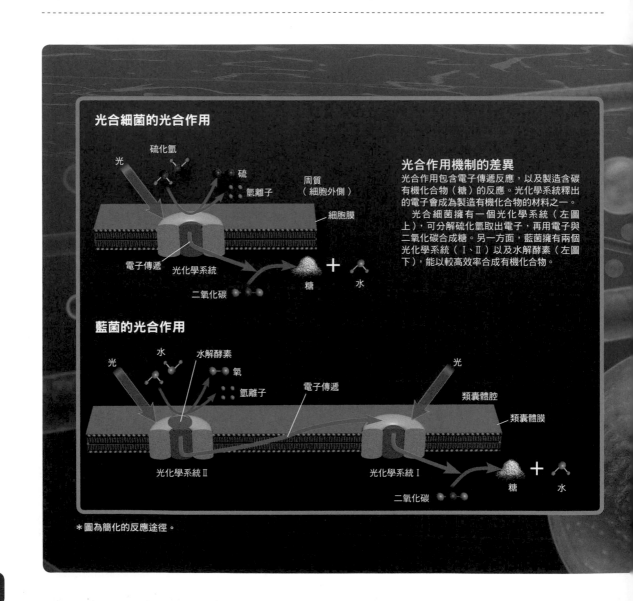

光合細菌的光合作用

光　硫化氫　硫　氫離子　周質（細胞外側）　細胞膜　電子傳遞　光化學系統　二氧化碳　糖　水

光合作用機制的差異

光合作用包含電子傳遞反應，以及製造含碳有機化合物（糖）的反應。光化學系統釋出的電子會成為製造有機化合物的材料之一。

光合細菌擁有一個光化學系統（左圖上），可分解硫化氫取出電子，再用電子與二氧化碳合成糖。另一方面，藍菌擁有兩個光化學系統（Ⅰ、Ⅱ）以及水解酵素（左圖下），能以較高效率合成有機化合物。

藍菌的光合作用

光　水　水解酵素　氧　氫離子　電子傳遞　類囊體腔　類囊體膜　光化學系統Ⅱ　光化學系統Ⅰ　二氧化碳　糖　水

＊圖為簡化的反應途徑。

作用下，可利用硫化氫與二氧化碳合成有機化合物（糖），並釋放出硫。

　　距今30億年前左右，地球上出現了光合作用效率很高的「藍菌」（cyanobacteria）。藍菌可以在海邊的淺灘上形成「疊層石」（stromatolite），這是一種岩石般的結構物。藍菌可附著在疊層石上行光合作用，利用水與二氧化碳合成有機化合物（糖），並釋放出氧。

藍菌（↓）

藍菌釋放出來的氧會與海中的鐵離子結合，形成氧化鐵。隨著海中的鐵離子減少、氧濃度增加，多出來的氧逐漸釋放至大氣中。這時候的大氣幾乎沒有氧氣，不過到了距今約24億5000萬年前，大氣中的氧氣濃度應已達到現在的10萬分之1以上。

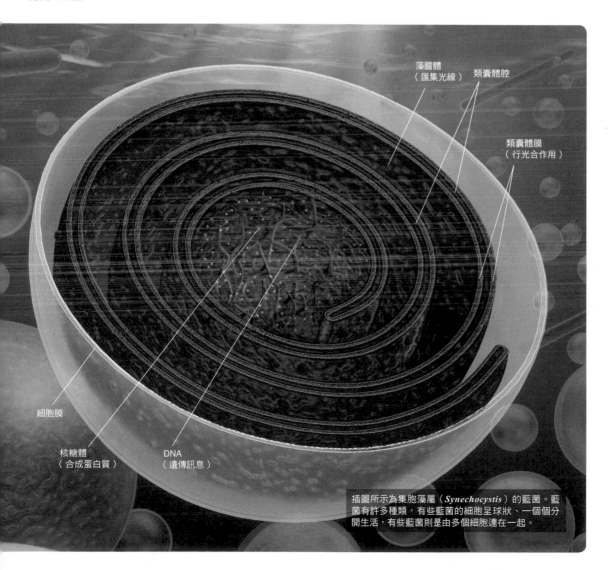

藻膽體
（匯集光線）　類囊體腔

類囊體膜
（行光合作用）

細胞膜

核糖體
（合成蛋白質）

DNA
（遺傳訊息）

插圖所示為集胞藻屬（*Synechocystis*）的藍菌。藍菌有許多種類，有些藍菌的細胞呈球狀、一個個分開生活，有些藍菌則是由多個細胞連在一起。

整個地球被冰包覆的 「雪球地球」

距今約23億～22億年前以及約8億～6億年前，是地球極端寒冷化的時期，當時全世界冰封起來，稱為「雪球地球」（Snowball Earth）。這兩個時代的環境遠比一般的冰河期嚴酷。北極、南極等高緯度地區自不用說，就連赤道都被冰層覆蓋，地表溫度降至零下40℃，覆蓋海面的冰層厚達1000公尺。

在雪球地球期間，雖然地表遭到冰封，但是海底熱泉等海洋深處以及火山地區等處並未凍結，這些地方應該仍有某些生物存活。後來，露出地表的火山噴發出來的二氧化碳造成了溫室效應，使冰層陸續融解。

冰層融解後，風化作用使陸地上的大量養分流入海中。原本數量不多的藍菌獲得豐富營養後，一口氣大量增殖，旺盛的光合作用使大氣中的氧氣濃度急速上升（大氧化事件，Great Oxidation Event）。

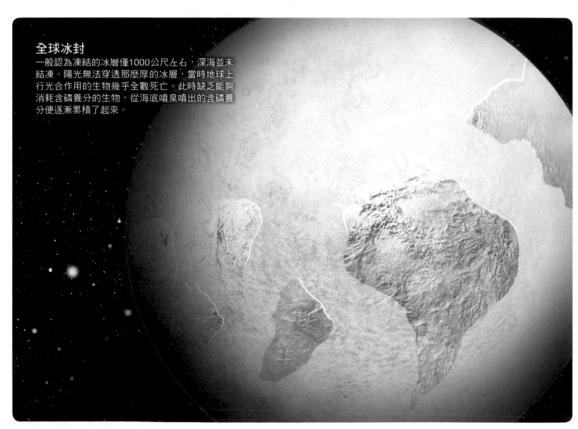

全球冰封
一般認為凍結的冰層僅1000公尺左右，深海並未結凍。陽光無法穿透那麼厚的冰層，當時地球上行光合作用的生物幾乎全數死亡。此時缺乏能夠消耗含磷養分的生物，從海底噴泉噴出的含磷養分便逐漸累積了起來。

＊關於雪球地球的原因眾說紛紜，譬如有人認為是大氣中的溫室氣體急速降低所致，不過都還有待查明。

在疊層石表面
行光合作用的藍菌

大氧化事件

冰層融解後，風化作用使陸地上的大量養分流入海中。原本數量不多的藍菌獲得豐富營養後，一口氣大量增殖，旺盛的光合作用使大氣中的氧氣濃度急速上升。直到距今約20億年前，氧氣濃度增加到現在的100分之1左右。這個事件稱為「大氧化事件」。

保護生物不受紫外線傷害的「臭氧層」

「臭氧」是由三個氧原子結合成的分子（O_3）。集中分布在地表上方高約2萬～2萬5000公尺的範圍（平流層內），稱做「臭氧層」（ozone layer）。臭氧層可吸收有害的紫外線，保護生物不受紫外線傷害。

一般認為臭氧層的形成是在24億5000萬年前氧濃度上升的時候。大氣中的氧分子受到波長較短的紫外線撞擊，將氧分子（O_2）分解成兩個氧原子（O）。接著氧原子和其他的氧分子結合，形成臭氧。形成的臭氧會吸收波長較長的紫外線，將自身分解成氧分子和氧原子。

一般認為，早期的臭氧並不像現在這樣分布在高空，地表附近的臭氧濃度應該比現在高。因為當時氧氣的濃度還很低，紫外線可以抵達地表附近，使地表附近的氧氣轉變成臭氧。地球的氧氣濃度在6億年前左右急速上升，或許就是這個原因使臭氧的生成位置轉移到了現在的平流層。

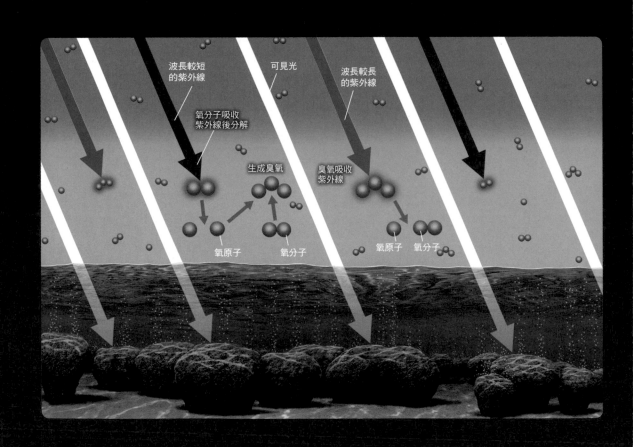

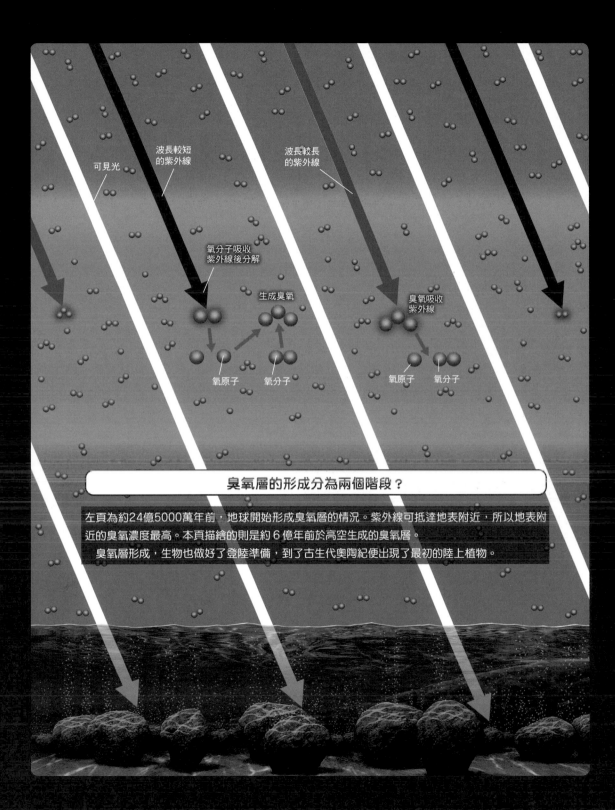

可見光

波長較短
的紫外線

波長較長
的紫外線

氧分子吸收
紫外線後分解

生成臭氧

臭氧吸收
紫外線

氧原子　氧分子

氧原子　氧分子

臭氧層的形成分為兩個階段？

左頁為約24億5000萬年前，地球開始形成臭氧層的情況。紫外線可抵達地表附近，所以地表附近的臭氧濃度最高。本頁描繪的則是約 6 億年前於高空生成的臭氧層。

臭氧層形成，生物也做好了登陸準備，到了古生代奧陶紀便出現了最初的陸上植物。

擋住有害太陽風與宇宙射線的「地磁場」

地球內部由內往外可大致分為地核、地函、地殼這三層結構。地核可以再分成位於地球中心的「內核」（inner core）與包覆內核的「外核」（outer core）。地核有90%的組成成分為鐵，一般認為內核為固態，外核為液態。

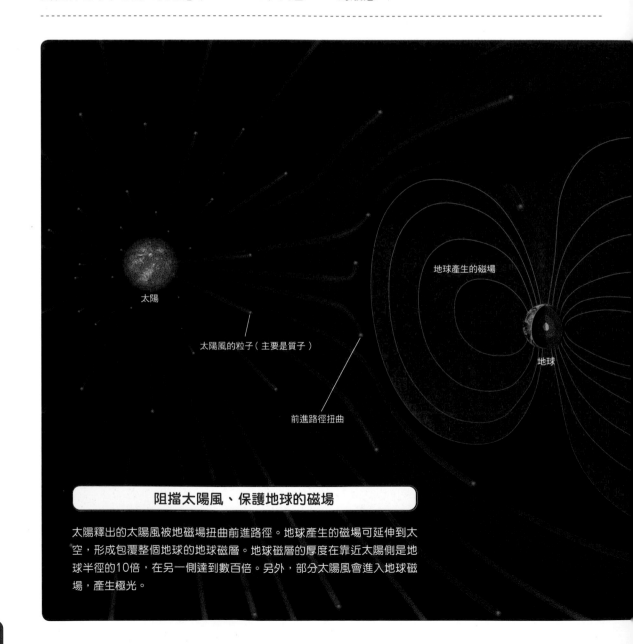

太陽

太陽風的粒子（主要是質子）

前進路徑扭曲

地球產生的磁場

地球

阻擋太陽風、保護地球的磁場

太陽釋出的太陽風被地磁場扭曲前進路徑。地球產生的磁場可延伸到太空，形成包覆整個地球的地球磁層。地球磁層的厚度在靠近太陽側是地球半徑的10倍，在另一側達到數百倍。另外，部分太陽風會進入地球磁場，產生極光。

外核的鐵流動時，會產生地球的磁場（地磁場）。我們手上的指南針就是依照地磁場的方向定位，N極指向北方，S極指向南方。地磁場最重要的功能是保護生物不被太陽風及宇宙射線傷害。如果沒有地磁場，包覆地球的大氣會被吹散，生物的身體與基因將遭到破壞。

已知地磁場在35億年前左右便已存在，當時的地磁強度只有現在的幾分之一。大約在30～25億年前，地磁場突然變強，才達到與現在相當的強度。

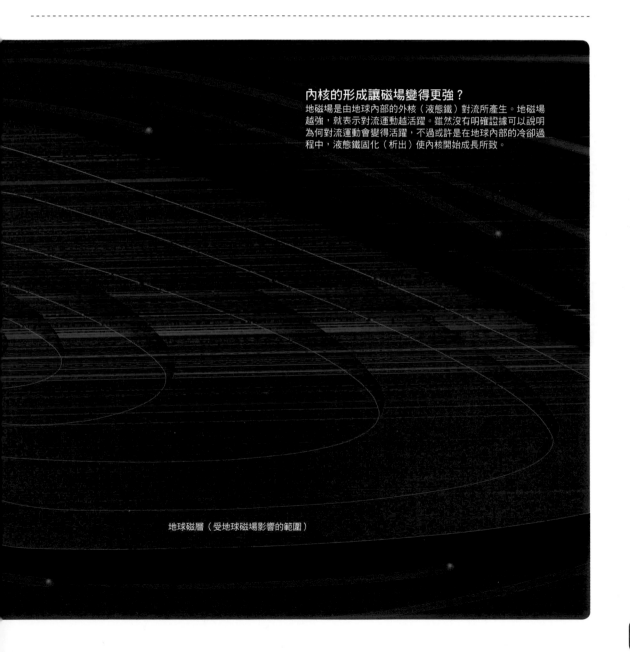

內核的形成讓磁場變得更強？
地磁場是由地球內部的外核（液態鐵）對流所產生。地磁場越強，就表示對流運動越活躍。雖然沒有明確證據可以說明為何對流運動會變得活躍，不過或許是在地球內部的冷卻過程中，液態鐵固化（析出）使內核開始成長所致。

地球磁層（受地球磁場影響的範圍）

最古老的超大陸「妮娜」

<big>地</big>球表面有十多塊板狀的堅硬岩盤覆蓋著，稱為「板塊」（plate）。大陸位於板塊上，與板塊一起以每年數公分左右的速度移動。在板塊彼此「撞擊」的地方，一個板塊會沉入另一個板塊底下，位於上方的板塊向上隆起，即形成高聳的山脈。

這些大山脈經年累月地受風雨侵蝕，最終會變成平地，但在地底下仍保留著山脈的痕跡。經世界各國地質學家的調查，目前已發現了19個「過去的山脈」。

1980年代，加拿大的地質學家霍夫曼（Paul Hoffman，1941～）在這些山脈中，發現北美、格陵蘭、北歐等五處地點有著相似的山脈分布，於是他試著將各大陸的同年代地層像拼圖一樣拼起來。發現除了山脈分布之外，連周圍的岩石種類都相當一致。他認為這些地方原本同屬於一個大陸，並將其命名為「妮娜」（Nena）。

＊超大陸這個名詞並沒有嚴謹的定義。只要是「由多個目前地球上的大陸組合起來的巨大大陸」，本書皆稱做超大陸。

妮娜超大陸

距今19億年前，現在的北美、格陵蘭、北歐的一部分結合在一起，稱做妮娜超大陸。妮娜（Nena）是北歐與北美（North Europe and North America）的英文縮寫。在妮娜超大陸之後，大陸還經過了多次分裂與合併，有時還會再度形成超大陸。

妮娜超大陸

現在的北美

＊圖中的山脈做了誇大呈現。此外，當時的河川及積雪分布僅為推估。

現在的格陵蘭

C

D

E

B

現在的北歐

A

19億年前的人山脈（想像圖）

約19億年前的人陸分布。
此時大部分的陸地應該都
比較小塊，妮娜超大陸是
相對較大的陸地。

C'
C
B'
B   A' E
A

D'
E'
D

**約19億年前的山脈
所留下的痕跡（→）**

褐色部分為約在20億～18億
年前形成的山脈（的痕跡），
橙色為20億年前以前便形成的
陸地。以山脈較為集中的北美
為中心，可復原當時的妮娜超
大陸範圍。我們可透過A～E
與A'～E'的對應組合，復原出
妮娜超大陸的樣子。另外，圖
中未繪出的第19條山脈位於南
極大陸。

約38億年前

由格陵蘭伊蘇阿的枕狀熔岩可知，
地球在約38億年前已有海洋。

約27億年前

陸地急速擴張，沿岸的疊層石相當
繁盛。

約300萬年前

北美大陸與南美大陸的陸地相
連，使動物相大幅改變。
（→第182頁）

恐鶴

大陸被淺海分成數塊，
這可能是恐龍多樣化的
原因。

暴龍

人類擴張

約1億5000萬年前

自1億5000萬年前左右起，印度
次大陸開始北上，使許多海生爬
蟲類生存的古地中海開始縮小。
（→第170、174頁）

約2億年前，盤古大陸
開始分裂。

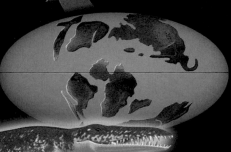

滑齒龍

水龍

約19億年前

三個大陸以現在的北美為中心，
聚集成「妮娜超大陸」。

妮娜超大陸

生命的演化與地球（大陸）的歷史一同前進

大陸有時會與另一個大陸相連，使另一個大陸的動物遷移過
來。有些動物遷移到新環境之後會演化成新物種，也有些動物
受到遷入動物的影響而就此滅絕。另外，大陸的移動也會改變
海洋的樣貌，對海洋生物造成很大的影響。

伯吉斯頁岩動物群

約5億4200萬年前

海洋生物的多樣性突然爆發。
（→第34頁）

三葉蟲

約6萬年前

大陸分布與現在大致相同。

約4億2000萬年前

大陸彼此撞擊，導致中間的古大
西洋消失。（→第64頁）

岡瓦納古陸的大陸冰河

超大陸岡瓦納古陸上
有許多巨大冰川。

二疊紀-三疊紀滅絕事件

（←）約3億年前

盤古大陸形成，外面是單一的大
洋「泛古洋」。（→第108頁）

能夠留存化石的大型生物出現

一般認為，生命誕生於距今40億年前。經過35億年的歲月，生命從原核生物演化成真核生物，然後演化出多細胞動物。到了5億7000萬年前，地球上開始出現體型大到能夠留下化石的生物。

澳洲南部的南澳大利亞州阿得雷德北方約300公里有個「埃迪卡拉丘陵」（Ediacara Hills）。1947年，南澳大利亞州政府的地質調查員斯普里格（Reginald Sprigg，1919～1994）在這個丘陵發現了疑似軟體性海洋生物的化石。當時還無法確定這個化石是哪個時代留下來的東西。

之後的調查顯示，化石所在的埃迪卡拉丘陵地層是古生代寒武紀（約5億4200萬～4億8800萬年前）以前的地層，於是埃迪卡拉丘陵便成了廣為人知的古生物學聖地。另外，進一步的研究與調查結果顯示，俄羅斯與納米比亞等世界各地的同年代地層中也有相似的化石。

迪更遜蟲
照片中為小型個體，大型個體的全長可達1公尺。（照片：日本蒲郡市生命之海科學館）

埃迪卡拉紀的生物（化石）

本頁介紹的是埃迪卡拉紀的代表性生物化石。在此之前，發現的大型動物化石最老只到寒武紀。斯普里格的發現為生命史的研究投下了一個震撼彈，後來便以這些化石為參考，設立了新的地質年代「埃迪卡拉紀」（約6億3500萬～5億4200萬年前）。

三腕蟲
非對稱結構的生物，大小只有數公分。
（照片：川上紳一博士）

用於比較大小的1盧布硬幣
（直徑約20.5毫米）

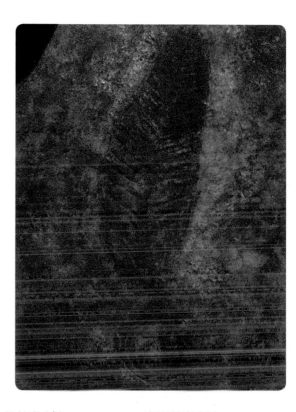

金伯拉蟲（↓）
大小約數公分，中間為細長橢圓結構，還有一圈包圍著其周圍的結構。（照片：川上紳一博士）

查恩盤蟲（↑）
複製品。埃迪卡拉生物群中相對較大的生物，最大者將近1公尺。
（照片：日本京都大學綜合博物館）

沒有外殼及眼睛的軟體性海洋生物

自從斯普里格發現這些奇特的生物以來，研究學者之間對於這些生物究竟是動物還是植物，在見解上並沒有共識。不過最近的研究結果顯示，從其移動痕跡、因為蒐集東西而在地面留下的痕跡等，可以推論出至少有一部分生物是動物（第28～29頁介紹的化石並非生物本體，而是生物在該地層留下的形狀）。

埃迪卡拉紀的生物稱做「埃迪卡拉生物群」（Ediacara fauna）。學者認為這些生物全都是軟體性海洋生物，它們既沒有外殼也沒有眼睛；沒有牙齒，所以無法捕食其他大型生物；沒有腳，所以移動能力並不高。

關於該生物群的分類並沒有統一的見解。有些學者認為是刺胞動物類，也有學者認為並不屬於已知的任何一群動物，應歸類在滅絕動物。可以確定的是，這個「樂園」在約5億4200萬年前劃下句點。時代從元古元進入顯生元（古生代），許多與現代生物有親緣關係的原始生物紛紛誕生。

查恩盤蟲
學名：*Charniodiscus*
全長：數十公分～1公尺
將身體固定於海底，以過濾海水中的有機化合物為食。

埃迪卡拉園

埃迪卡拉生物群沒有堅硬的牙齒，不會互相捕食，可能是以在海底大量繁殖的藍菌為食。這個時代的生物並不像古生代寒武紀以後的物種那樣存在捕食、被捕食的關係，彷彿舊約聖經中的「伊甸園」一般，所以有些學者會稱其為「埃迪卡拉園」。

*「全長」指的是含尾巴等在內的全身長度。

迪更遜蟲
學名：*Dickinsonia*
全長：數十公分
僅留下了截面結構的化石。由化石可以推論中間
有許多中空管狀物，有著像充氣墊般的結構。

金伯拉蟲
學名：*Kimberella*
全長：數公分
許多學者認為是種原始軟體動物。
有長吻，可抓取堆積物。

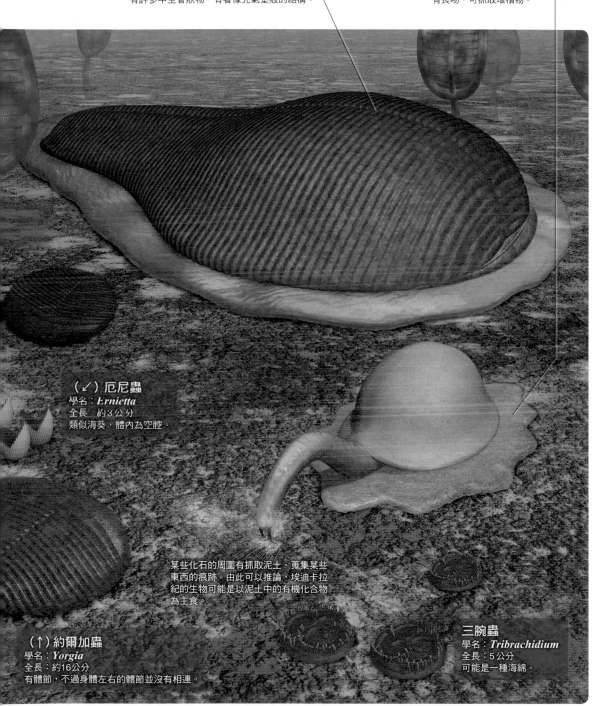

（↙）厄尼蟲
學名：*Ernietta*
全長　約3公分
類似海葵，體內為空腔。

某些化石的周圍有抓取泥土、蒐集某些
東西的痕跡。由此可以推論，埃迪卡拉
紀的生物可能是以泥土中的有機化合物
為主食。

（↑）約爾加蟲
學名：*Yorgia*
全長：約16公分
有體節，不過身體左右的體節並沒有相連。

三腕蟲
學名：*Tribrachidium*
全長：5公分
可能是一種海綿。

2
古生代
（寒武紀～志留紀）

Paleozoic era (Cambrian - Sllurian)

生命突然多樣化的「寒武紀大爆發」

1859年，英國生物學家達爾文（Charles Darwin，1809～1882）發表《物種起源》，提出演化論。他認為「單純的生物會逐漸演化成複雜的生物，並進一步多樣化」。不過他也提到：「目前仍有幾個觀察到的結果難以用我的理論解釋。其中之一就是寒武紀時，有許多物種突然出現。我無法清楚說明為什麼會這樣。」

從約5億4200萬年前到2億5100萬年前的期間，稱為「古生代」（Paleozoic）。古生代可分為6個紀，從古至近分別是「寒武紀」（Cambrian）、「奧陶紀」（Ordovician）、「志留紀」（Silurian）、「泥盆紀」（Devonian）、「石炭紀」（Carboniferous）、「二疊紀」（Permian）。其中，寒武紀指的是約5億4200萬年前到4億8800萬年前的期間，前後共5400萬年。

達爾文在發表演化論時，科學家尚未在寒武紀以前的地層中發現過任何化石。不過卻在寒武紀的地層中發現了好多種三葉蟲的化石。三葉蟲已經有殼有腳，連眼睛都有了。寒武紀的生物三葉蟲已經擁有媲美現今動物的複雜器官。

寒武紀的開端
如果把46億年的地球歷史當成一天，那麼寒武紀是在晚上9點11分左右開始。接著在3分鐘之內，生物突然多樣化。

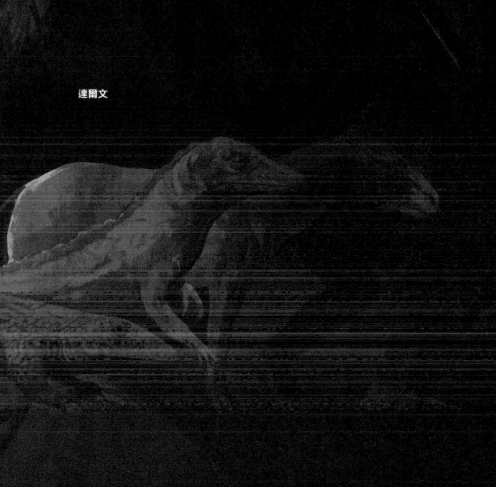

達爾文

現存的動物門幾乎都在此時誕生

從40億年前最初的生命誕生後，生物在35億年的歲月中緩慢演化。但進入寒武紀之後，在短短不到1000萬年的時間內生物突然多樣化，演化出許多不同的生物。這個空前絕後的事件約莫發生在5億4200萬～5億3000萬年前，多數學者稱其為「寒武紀大爆發」（Cambrian explosion）。

英國古生物學家帕克（Andrew Parker，1967～）博士認為，在寒武紀以前的地層中，只有海綿動物門、刺胞動物門、櫛板動物門這三類動物。不過在進入寒武紀的數百萬年後，生物圈中出現了38個門，與今日相同。

在寒武紀大爆發的同時，可透過化石追蹤的「生命歷史」正式展開。化石相當於生物的演化紀錄，所以從這個年代開始，我們才能推論地球歷史與生命歷史之間的關係。

寒武紀大爆發使動物從3門增為38門

插圖所繪的各個動物，是該動物群中的代表性物種示意圖。以黃色橢圓襯托的生物，是與本頁內容關聯性較高的物種。不同學者常對於動物的分類（門的個數）有不同意見，不過寒武紀大爆發中重點不在門的個數，而是「現存的動物門幾乎都在該時期誕生」。

櫛板動物門

海綿動物門

刺胞動物門

以人類為例
界：動物界
門：脊索動物門
　　脊椎動物亞門　※「亞門」為門之下的分類階層。
綱：哺乳綱
目：靈長目
科：人科
屬：人屬
種：智人
學名「*Homo sapiens*」

前寒武紀

10億年前

專欄 COLUMN　生物分類（階層分類）

生物可分成五個「界」。同一界的生物可依其大致特徵分成多個「門」。同一門的生物可再依較小的特徵分成多個「綱」。依此類推，綱可分成多個「目」，目可分成多個「科」、科可分成多個「屬」，屬則可分成多個「種」。物種的「學名」由屬與種兩個名字組成。此外，各個分類階層之下，可再用「亞」、「下」等前綴詞來增加新的階層。這種分類方式稱做階層分類，是分類學自古以來的傳統。

＊本書中，有時會以「類」來表示「門」以下的生物類別。

極度繁盛的節肢動物

節肢動物（包含甲殼動物門、螯肢動物門等，身體與腳有節的動物群）在寒武紀後勢力迅速擴張。動物群類持續多樣化，目前已超過300萬種，這個數字比地球上其他生物物種的總數還要多。

＊門的個數參考帕克博士的研究與英國亞伯丁大學的資料庫。門的名稱參考自亞伯丁大學的資料。

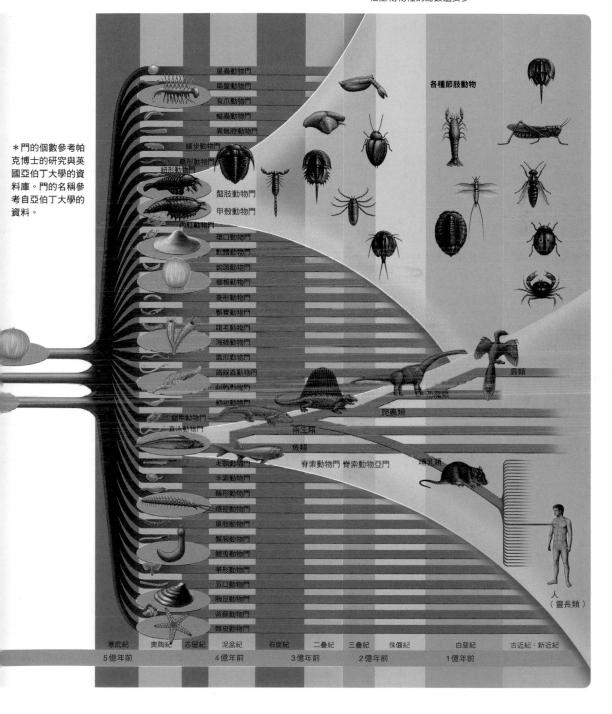

各種節肢動物

星蟲動物門
扁盤動物門
有爪動物門
蟾蟲動物門
異無腔動物門
緩步動物門
扁形動物門
紐形動物門
螯肢動物門
甲殼動物門
內肛動物門
環口動物門
軟體動物門
鉤頭動物門
櫛板動物門
菱形動物門
甄寶動物門
顎毛動物門
海綿動物門
圓形動物門
鰓曳蟲動物門
山鶯口類動物
動吻動物門
鎧甲動物門
星涎動物門
毛顎動物門
半索動物門
輪形動物門
環節動物門
單肢動物門
鬚腕動物門
鰓曳動物門
帚形動物門
五口動物門
腕足動物門
苔蘚動物門
棘皮動物門

鳥類
恐龍類
爬蟲類
兩生類
魚類

脊索動物門 脊索動物亞門

哺乳類

人（靈長類）

寒武紀	奧陶紀	志留紀	泥盆紀	石炭紀	二疊紀	三疊紀	侏儸紀	白堊紀	古近紀、新近紀
5億年前		4億年前		3億年前		2億年前		1億年前	

偶然發現的「馬瑞拉蟲」化石

1909年夏天，美國古生物學家沃爾科特（Charles Walcott，1850～1927）一家人來到加拿大英屬哥倫比亞省的瓦普塔山（Wapta mountain）露營。回程時，妻子海倫娜騎乘的馬不小心失足摔跤。沃爾科特看了看馬腳邊的岩石，發現那裡有個大小約2公分的黑色斑點。仔細一看，發現這個斑點是過去未曾見過的生物化石。其身體有許多節，每一

沃爾科特

海倫娜
（妻）

馬瑞拉蟲（化石）

司徒爾特
（三男）

雪梨
（次男）

海倫
（長女）

小查爾斯
（長男）

沃爾科特家族
沃爾科特當時為史密松協會的會長，為研究三葉蟲的世界級權威。據說他習慣在夏天帶著一家人到瓦普塔山露營，就是為了採集三葉蟲化石。

節都延伸出腳（附肢）。沃爾科特以朋友的名字，將這種生物命名為「馬瑞拉蟲」。

　　沃爾科特一生中，在瓦普塔山周圍海拔2300公尺的「伯吉斯頁岩」（Burgess Shale）這個寒武紀中期地層內，採集到了120種以上、近6萬5000個化石。這些化石可以證明寒武紀的動物比達爾文想像得更為複雜。

- -

＊關於發現經過眾說紛紜。

伯吉斯頁岩
（位於現在的加拿大落磯山脈國家公園內）

加拿大

美國

除了馬瑞拉蟲之外，在伯吉斯頁岩內也發現了多種化石。在這個地層發現的化石中，馬瑞拉蟲占了所有個體數的37%。

馬瑞拉蟲
學名：*Marrella*
全長：約2公分
據說沃爾科特曾因馬瑞拉蟲的外表，稱其為「蕾絲般的螃蟹」。不過馬瑞拉蟲並非蟹的近親，而是另一類節肢動物，儘管也有人對此持不同意見。另外，馬瑞拉蟲也是極少數可以推論其存活時顏色的化石生物。

伯
吉
斯
頁
岩
動
物
群

伯吉斯頁岩動物群

伯吉斯頁岩所在的加拿大英屬哥倫比亞省，在5億2000萬年前可能是淺海的海底。曾於此地生存的動物，依發現地點的地名，命名為「伯吉斯頁岩動物群」（Burgess Shale fauna）。

　　即便是自發現以來100年後的現在，於伯吉斯頁岩採集到的化石，大部分仍以沃爾科特家族貢獻的居多。根據英國古生物學家惠廷頓（Harry Whittington，1916～2010）博士等人的研究，已知這7萬件以上的化石至少可以分類成125種。

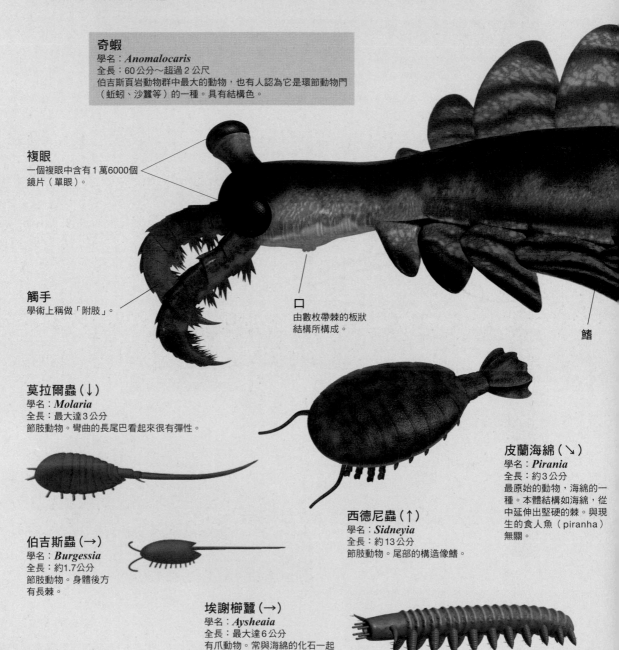

奇蝦
學名：*Anomalocaris*
全長：60公分～超過2公尺
伯吉斯頁岩動物群中最大的動物，也有人認為它是環節動物門（蚯蚓、沙蠶等）的一種。具有結構色。

複眼
一個複眼中含有1萬6000個鏡片（單眼）。

觸手
學術上稱做「附肢」。

口
由數枚帶棘的板狀結構所構成。

鰭

莫拉爾蟲（↓）
學名：*Molaria*
全長：最大達3公分
節肢動物。彎曲的長尾巴看起來很有彈性。

皮蘭海綿（↘）
學名：*Pirania*
全長：約3公分
最原始的動物，海綿的一種。本體結構如海綿，從中延伸出堅硬的棘。與現生的食人魚（piranha）無關。

西德尼蟲（↑）
學名：*Sidneyia*
全長：約13公分
節肢動物。尾部的構造像鰭。

伯吉斯蟲（→）
學名：*Burgessia*
全長：約1.7公分
節肢動物。身體後方有長棘。

埃謝櫛蠶（→）
學名：*Aysheaia*
全長：最大達6公分
有爪動物。常與海綿的化石一起被發現，可能是以海綿為主食。

(←) 單臂螺
學名：*Haplophrentis*
全長：最大達4公分
分類未確定。有某種結構
覆蓋著圓錐狀身體。

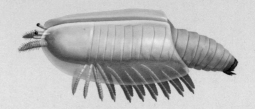

加拿大盾蟲 (↑)
學名：*Canadaspis*
全長：約5公分
甲殼動物。擁有橢圓形硬皮以及
如劍般的棘。

瓦普塔蝦 (↑)
學名：*Waptia*
全長：約7.5公分
節肢動物，也有人視為甲殼類的一種。
體表覆有兩片殼。

歐巴賓海蠍 (↘)
學名：*Opabinia*
全長：約10公分
親緣關係不明，五個眼睛與象鼻
狀的噴嘴為其特徵。

沃克斯海綿 (↘)
學名：*Vauxla*
全長：最大達8公分
海綿動物。有著海綿般
的身體。

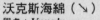

奧托蟲 (↓)
學名：*Ottoia*
全長：約15公分
鰓曳動物。消化道內有許多單
臂螺。可能在泥土中生活。

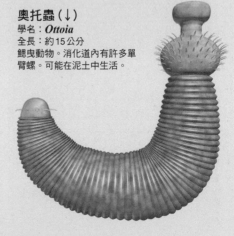

棘海百合 (→)
學名：*Echmatocrinus*
全長：約18公分
棘皮動物。是已知最古老的
海百合之一。

*參考布里格斯（Derek Briggs，1950～）博士等人的《伯吉斯頁岩化石圖譜》與「The Burgess Shale」
（https://burgess-shale.rom.on.ca/），復原26種代表性動物。各插圖的相對大小並沒有依照比例繪製。

路易斯蟲（↓）
學名：*Louisella*
全長：25公分左右
鰓曳動物。細長突起的吻部前端有許多細小的棘。
平時可能藏身於泥土中，僅伸出吻部獵食。

＊圖中左方為吻。

帳篷螺（→）
學名：*Scenella*
全長：約0.8公分
軟體動物，可能為有
殼貝類。

艾蘇貝（↓）
學名：*Nisusia*
全長：約2公分
腕足動物。外殼有放射狀的肋。

高足杯蟲（→）
學名：*Dinomischus*
全長：約1公分
與其他生物的親緣關係不
明。口與肛門皆位於上方
的「顎」內。從顎延伸出
了一條長管，有可能是附
著根。

幽鶴蟲（↑）
學名：*Yohoia*
全長：約2公分
節肢動物。頭部前方有一對腳
（附肢）為其最大特徵。

怪誕蟲（→）
學名：*Hallucigenia*
全長：約3公分
有爪動物。亦有學者認為
是食腐動物。

伯吉斯剛毛蟲（↗）
學名：*Burgessochaeta*
全長：約5公分
環節動物。帶剛毛的腳至少有24對。

玦石蟲（缺少部分頭部）

＊照片：日本京都大學綜合博物館

擬油櫛蟲（↓）
學名：*Olenoides*
全長：約8.5公分
一種三葉蟲。頭部有一
對觸角，尾部也延伸出
一對腳（尾角）。

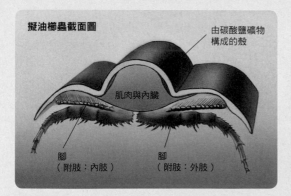

擬油櫛蟲截面圖

由碳酸鹽礦物
構成的殼

肌肉與內臟

腳
（附肢：內肢）

腳
（附肢：外肢）

擬油櫛蟲擁有碳酸鹽構成的外殼，保護肌肉等軟組織。另外，也
確認到了清楚的腳部結構。

＊參考《Treatise on INVERTEBRATEP PALEONTOLOGY》等。

伯吉斯頁岩動物群

皮卡蟲

＊照片：日本蒲郡市生命之海科學館

皮卡蟲（↘）
學名：*Pikaia*
全長：約4公分
體內擁有「脊索」（如脊椎骨般的棒狀支撐器官）的脊索動物，也是脊椎動物（頭索動物）的直接祖先。

斗篷海綿（↑）
學名：*Choia*
全長：最大達5公分
海綿動物。圓盤邊緣有許多硬棘突起。

（↙）林喬利蟲
學名：*Leanchoilia*
全長：最大達12公分
節肢動物。前方的一對短腳（附肢）可分別伸出三條「鞭」。

微瓦霞蟲（→）
學名：*Wiwaxia*
全長：最大達5.5公分
分類眾說紛紜，目前傾向將其歸類為軟體動物。

結構色

專欄
COLUMN

CD雷射唱片的背面有許多以一定週期排列，寬數百奈米（奈米為10億分之1公尺）的溝槽。當光照到這些溝槽時，會產生「干涉」現象。光波互相干涉導致特定波長的光強度變強，就會在不同角度下顯現不同顏色。學者發現，微瓦霞蟲的表面與馬瑞拉蟲的「角」，可以找到如CD般以一定週期排列的溝槽。

＊右圖參考「微瓦霞蟲的表層與結構色示意圖」（Parker（1998））製成。

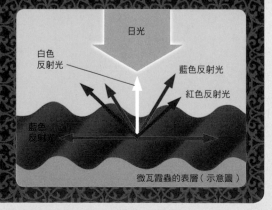

日光

白色反射光

藍色反射光

紅色反射光

藍色反射光

微瓦霞蟲的表層（示意圖）

經過復原的
寒武紀動物

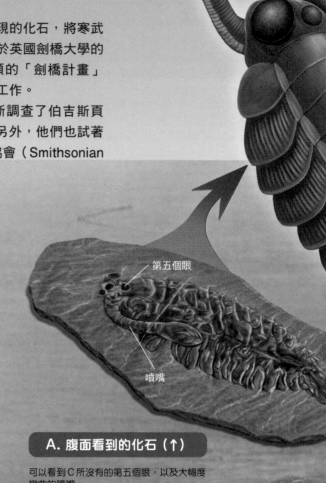

有些學者致力於透過從伯吉斯頁岩發現的化石，將寒武紀動物原本的樣貌加以復原。任職於英國劍橋大學的世界級三葉蟲權威 —— 惠廷頓博士所率領的「劍橋計畫」（Cambridge project）成員就在進行相關工作。

惠廷頓博士的研究團隊於1960年代重新調查了伯吉斯頁岩，這是加拿大地質調查工作的一部分。另外，他們也試著重新分析由沃爾科特發掘、收藏於史密松協會（Smithsonian Institution）的化石。

同樣是化石，在伯吉斯頁岩找到的化石並不像恐龍或菊石化石那麼立體，而是像被打扁一般，在岩石上留下扁平的輪廓。惠廷頓博士等人先試著用牙醫用的鑽頭，在小於毫米的尺度下「解剖」化石，分析化石的內部結構。此外，即使是同一物種的個體，有些化石會留下正面輪廓，有些化石則會留下背面或側面輪廓。研究團隊便是藉由將各種方向的化石組合起來，來推測該生物存活時的立體樣貌。

第五個眼

噴嘴

A. 腹面看到的化石（↑）

可以看到C所沒有的第五個眼，以及大幅度彎曲的噴嘴。

尾鰭

眼

噴嘴

鰭

B. 側面看到的化石（→）

可以看到噴嘴的形狀與眼的分布、鰭的數目等。

＊布里格斯博士與莫里斯博士（Simon Morris，1951～）皆為惠廷頓博士的學生。1972年時以研究所學生的身分參加劍橋計畫，身為主要成員協助進行發掘、研究工作（→）。

「歐巴賓海蠍」的復原

學者將腹面化石（**A**）、側面化石（**B**）、背面化石（**C**）放在一起分析，復原出了歐巴賓海蠍的外貌（左圖）。不過歐巴賓海蠍的復原工作至今仍未完成，還有許多問題。譬如五個眼睛真的全都是眼睛嗎？真的沒有腳（附肢）嗎？作為鰓的槍狀結構（復原圖中位於鰭的上方）的位置是否正確？等等。

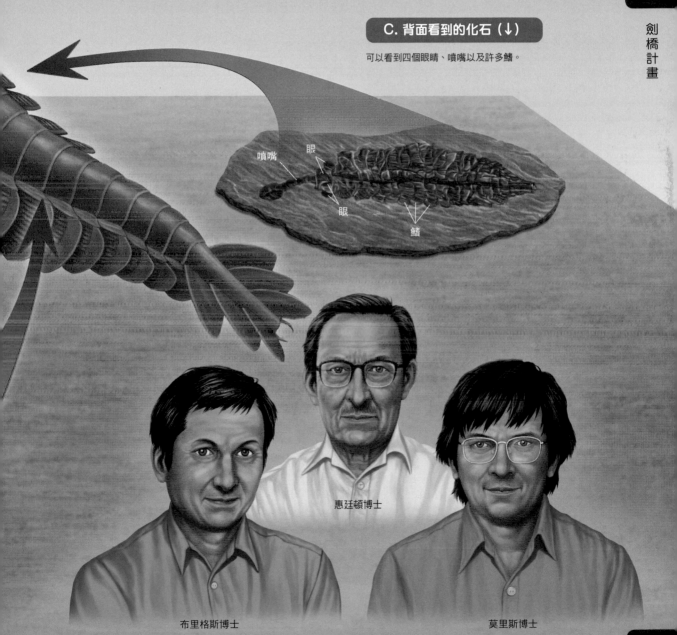

C. 背面看到的化石（↓）

可以看到四個眼睛、噴嘴以及許多鰭。

噴嘴　眼

眼

鰭

惠廷頓博士

布里格斯博士　　　　　　　　　　莫里斯博士

君臨生態系頂點的「奇蝦」

寒 武紀的動物中，有種動物的體型明顯比其他動物大上許多，那就是「奇蝦」。

加拿大地質學研究所的麥康諾（Richard McConnell，1857～1942）於1886年在伯吉斯頁岩附近的山地調查地質時，發現了奇蝦的化石。這次發現的是奇蝦口部末端的觸手部分，麥康諾認為這種生物是蝦的近親，就將其命名為「Anomalocaris」，在希臘文中意指「奇怪的蝦」。

23年後，沃爾科特在伯吉斯頁岩發現了奇蝦的口部化石，以為是水母的近親；另外也發現了身體部分的化石，以為是海參的近親。故將兩者視為不同生物，賦予了不同的名字。

1981年，惠廷頓博士等人發現了全身連在一起的奇蝦化石。人們才知道之前發現的蝦的觸手、水母的口、海參的身體，其實是同一種生物的不同部位。

奇蝦的泳動方式
日本神奈川大學的宇佐見義之副教授以電腦計算奇蝦最有效率的運動方式，認為奇蝦的泳動方式可能與魟魚類似，所有的鰭會一個接一個地擺動，像波浪一樣（左圖**1**、**2**）。

奇蝦

目前已經發現了9種奇蝦（種類數會依不同學者而異）。這裡描繪的是能夠復原外貌的5種奇蝦。一般認為，奇蝦君臨寒武紀生態系的頂點，會利用觸手與尖銳的口器捕食小動物。另外，過去認為奇蝦全長可能超過2公尺，現在則認為約為40公分左右。

加拿大奇蝦
學名：*Anomalocaris canadensis*
發現地：加拿大、中國
最早發現的奇蝦。特徵為頭部寬度較窄，且眼睛有明顯突出。至今仍未發現它的腳。

腳

大大的「觸手」

沙隆奇蝦
學名：*Anomalocaris saron*
發現地：中國
頭部延伸出很大的觸手為其特徵，且觸手內側有許多凸起的刺。有學者認為鰭下有步行用的腳。

觸手（附肢）

眼

口

沒有腳

從下方觀看
加拿大奇蝦（↗）

長長的「尾巴」

有「腰身」
的身體

腳

武拉甘蝦
學名：*Lagania cambria*
發現地：加拿大、中國
學名所示，有著橄欖般的外型。至今
未發現尾部垂直方向上的鰭。

雙肢抱怪蟲
學名：*Amplectobelua symbrachiata*
發現地：中國
與其他奇蝦相比，鰭比較長，身體比較寬。

雲南似皮托蟲
學名：*Parapeytoia yunnanensis*
發現地：中國
觸手上沒有棘刺，卻有三個指狀突起。
已確認鰭下有腳。

讓古爾德深深著迷的「稀奇古怪動物群」

古爾德（Stephen Gould，1941～2002）是深深著迷於形態奇異之寒武紀生物的學者。古爾德在1987年的著作《壯麗的生命》（*Wonderful Life*）中，介紹了伯吉斯頁岩中的生物，並稱其為「稀奇古怪動物群」（weird wonder），在全世界引起廣大迴響。當時古爾德認為這些動物的分類地位並不明確，不過後來在莫里斯博士等人的研究下，發現這些生物與現生生物有某些共通特徵。

1980年代以後，各國學者在格陵蘭、澳洲、美國等全球20多個地方，發現了與伯吉斯頁岩化石形態類似的化石群。其中又以中國雲南澄江最受矚目，是可媲美伯吉斯頁岩的大型化石分布地點。

沃克斯海綿

皮卡蟲

高足杯蟲

怪誕蟲

奧斯坦動物群

1970年代，德國波恩大學的穆勒博士（Klaus Müller，1923～2010）試著將瑞典內陸維納恩湖附近的寒武紀石灰岩（奧斯坦）溶解時，發現了立體的動物化石。這些化石都是全長2毫米以下的節肢動物，統稱為「奧斯坦動物群」（Orsten fauna）。

奧斯坦動物群的特徵是蝦蟹近親的甲殼類化石特別多。甲殼類是目前海洋中多樣化最成功的節肢動物，奧斯坦動物群被視為甲殼類繁榮的起始時期而備受矚目。

＊後來學者也在世界各地、各個時代地層中，發現了這類微小的化石群。這類化石便稱為「奧斯坦型化石」。

寒武厚槳蝦
（*Cambropachycope*）

甲殼類。在奧斯坦動物群中較大型的動物，幾乎所有個體的體長都超過1.5毫米。頭部前端有個巨大的複眼為其顯著特徵。另外，有個像「槳」一樣的腳，一般認為是為了增加游泳的效率。

齒謎蟲
學名：*Odontogriphus*
全長：約12公分
如學名所述，是個詳情不明的生物。

西里斯巴薩特
（格陵蘭）

澄江
（中國）

伯吉斯
（加拿大）

猶他
（美國）

坎加魯島
（澳洲）

寒武紀生物的主要發現地

擬油櫛蟲

馬瑞拉蟲

微瓦霞蟲

奧托蟲

澄江動物群

位於中國澄江，占地廣達111個東京巨蛋（約512公頃），為寒武紀生物化石的代表性挖掘地點。其年代比帕比斯怕吉斯頁岩早了1500萬年左右。自1984年以來，已發現了200種以上的化石，許多古生物化石只有在這個地方才看得到。本節列出了37種澄江動物群的復原插圖。

尖峰蟲（↑）
學名：*Jiangfengia*
全長：約2公分
節肢動物。頭部長有巨大的圈（附肢）。

（←）火把蟲
學名：*Facivermis*
全長：2.4公分以上
葉足動物。身體前端伸出了數根觸手，平時埋藏在海底中。

依爾東詆（→）
學名：*Eldonia*
直徑：約10公分
可能為水母的近親（櫛板動物）或海星的近親（棘皮動物）。體內有線圈狀消化道。

（←）小舌形貝
學名：*Lingulella*
腕足動物。上方的貝狀物長度不到1公分，下方延伸出來的「柄狀物」可達約6公分。

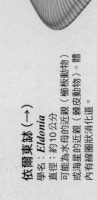

小細絲海綿
學名：*Leptomitella*
全長：約2公分
海綿動物。呈海綿狀，內部有許多空洞。

環飾蠕蟲
學名：*Cricocosmia*
全長：約3公分
鰓曳蟲動物。身體埋在海底，只伸出前端帶棘的吻。

帽天山蟲
學名：*Maotianshania*
全長：約3公分
鰓曳蟲動物。有些學者會將其歸為鰓曳動物。身體如蚯蚓般埋在海底，只伸出帶棘的吻。

沙隆奇蝦（↑）

澄 江 動 物 群

雲南蟲（↑）
學名：*Yunnanozoon*
全長：最大達4公分
分類尚未確定。有學者認為是半索動物。

昆明魚（↑）
目前發現的魚類中，最早出現的魚類
（參見第54頁）。

等刺蟲（↑）
學名：*Isoxys*
全長：最大達4公分
一般歸類為甲殼類。有兩片殼覆蓋著全身。

（乀）軟骨海綿
學名：*Halichondrites*
全長：約10公分
海綿動物。從海綿狀的本體
延伸出了無數的棘。

古蟲（→）
學名：*Vetulicolia*
全長：約9公分
一般將其歸類為後口動物的古蟲
動物門。由帶「殼」的頭部以及
有節的尾部構成。

斑府蟲（→）
學名：*Banffia*
全長：最大達10.5公分
親緣關係不明確的物種。
古蟲的親戚。

先光海葵（→）
學名：*Xianguangia*
全長：約6公分
刺胞動物。與現生海葵
相似的生物。

瓦普塔蝦

四層海綿（→）
學名：*Quadrolaminiella*
全長：約30公分
海綿動物。多孔狀的生物，身體
可分為四層。

＊分類及全長可能依不同學者而異（參考資料包括《THE CAMBRIAN FOSSILS OF CHENGJIANG, CHINA》、《動物世界的黎明》、「The Burgess Shale」（https://burgess-shale.rom.on.ca/）等）。

澄
江
動
物
群

海怪蟲（↓）
學名：*Xandarella*
全長：約5.5公分
節肢動物。看起來很像三葉蟲，
但眼睛等結構不一樣。

灰姑娘蟲（↑）
學名：*Cindarella*
全長：約11公分
節肢動物。有個像盾一樣的頭部，
底下有一對觸角與凸起的眼睛。

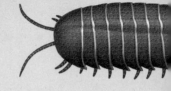

（↖）關楊蟲
學名：*Kuanyangia*
全長：約6公分
一種三葉蟲，特徵是眼睛很大。

（↑）武定蟲
學名：*Wutingaspis*
全長：約3～4公分
一種三葉蟲，擁有很寬的眼睛。

古蠕蟲（→）
學名：*Palaeoscolex*
全長：約10公分
鐵線蟲動物。發現時多為
捲曲成一團的狀態。

心網蟲（→）
學名：*Cardiodictyon*
全長：約2公分
葉足動物。頭部細長，可能為
堅硬質地。

（↑）尾頭蟲
學名：*Urokodia*
全長：約3.5公分
節肢動物。頭部與尾部結構
完全相同。

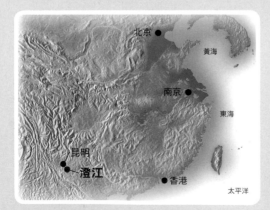

北京
黃海
南京
東海
昆明
澄江
香港
太平洋

澄江距離雲南省昆明約50公里，位於海拔2000公尺的雲貴
高原上。附近有農村，是個寧靜的地方。

（↗）中華細絲藻
學名：*Sinocylindra*
全長：約2公分。
藻類，非動物。

（←）錢包海綿
學名：*Crumillospongia*
全長：約11公分
海綿動物。表面有許多微小的
洞，可能用於過濾海水中的有機
化合物作為食物。

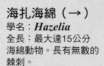

海扎海綿（→）
學名：*Hazelia*
全長：最大達15公分
海綿動物。長有無數的
棘刺。

（←）謎蟲
學名：*Saperion*
全長：2公分以上
節肢動物。擁有一對觸角。

（←）中華謎蟲
學名：*Sinoburius*
全長：約1公分
節肢動物。擁有一對觸角
與卵形眼睛。

（←）納羅蟲
學名：*Naraoia*
全長：最大達4公分
節肢動物。頭部有觸角，腹側
有兩個眼睛般的結構。

跨馬蟲（↑）
學名：*Kuamaia*
全長：4～10公分以上
節肢動物。頭部有兩個膨大處，
可能是眼睛的痕跡。

雲南頭蟲（↑）
學名：*Yunnanocephalus*
全長：約1公分
一種三葉蟲，是澄江動物群中數目
較多的動物。

（↖）網面蟲
學名：*Retifacies*
全長：最大達12公分
節肢動物。殼的腹側有兩個眼睛。

（←）爪網蟲
學名：*Onychodictyon*
全長：約7公分
葉足動物。頭部堅硬，背部有棘與
其他結構等裝飾。

微網蟲（→）
學名：*Microdictyon*　全長：約2～3公分
葉足動物。名稱源自最初發現時，覆於身體上堅硬部位的構造
（參見第56頁）。

（←）貧腿蟲
學名：*Paucipodia*　全長：約8公分
葉足動物。身體柔軟，腳上有指甲。常與依爾東缽
（參見第50頁）一起被發現。

撫仙湖蟲（→）
學名：*Fuxianhuia*
全長：較大者可達約11公分
節肢動物。頭部有一對觸角與眼睛。

專欄 COLUMN ◆ 澄江動物群的特徵

澄江發現的化石有許多特徵，其中之一就是保存了立體形態。一般認為伯吉斯頁岩內的生物化石，
是在海崖崩落的瞬間埋藏，所以基本上會呈現「壓扁」的二維樣貌。相較於此，澄江動物群的化石
則留下了立體的（三維）化石。這些生物可能是被風暴或其他原因吹來的沙瞬間埋藏。以三葉蟲為
例，一般三葉蟲化石只會留下堅硬的外骨骼，但澄江的三葉蟲卻留下了明確的「內肢」（腳）痕跡
（大小不到1公分，結構卻相當清楚）。這是包含三葉蟲在內的節肢動物在演化上的重要證據。

最古老的魚類「昆明魚」

1999年於中國澄江發現的某個化石震驚了全世界，那就是生存於5億2500萬年前，生命史上最初的魚類——「昆明魚」。

中國西北大學的舒德干（1946～）博士在2007年的Newton月刊訪談中曾這麼說：「當時的事我到現在還記憶猶新。事實上，發現那個化石的是一個古生物學家朋友。他是三葉蟲的專家，1998年年末時拿了一個小小的化石給我看，問說：『你覺得這是什麼？』我看第一眼時就覺得：『這不是脊椎嗎？應該是魚類吧！』後來我帶回自己的研究室，仔細研究這個化石，差不多花了2個月左右。經過仔細分析之後我終於確定，這是最古老的魚類化石。」

在此之前，學界認為寒武紀大爆發時，擁有脊椎的「高等」動物尚未出現。由於伯吉斯頁岩中發現了「皮卡蟲」這種脊索動物的化石，所以當時認為該時代較原始的脊索動物要再過一陣子才會演化成脊椎動物。

不過，後來也在澄江發現了「海口魚」（*Haikouichthys*）等相同年代的魚類化石，而且在直徑2公尺的範圍內就有100個以上的個體。

昆明魚

＊照片：舒德干（中國西北大學）、日本蒲郡市生命之海科學館

（↙）昆明魚
學名：*Myllokunmingia*
分類：脊索動物門 無頜綱（目未定）昆明魚科
全長：約 2 ～ 3 公分

奇蝦

在世界各地發現的生物「零件」

在世界各地從寒武紀大爆發前不久到大爆發初期的地層中，有發現大小不到1毫米的微小化石。這些線圈狀、蜷起來像可頌麵包般的化石，稱做「小殼化石」（small shelly fossils）。小殼化石成分有很多種，可能是磷酸鹽、碳酸鹽、矽酸鹽等。這些化石通常是很小的生物，或者是構成生物一小部分的「零件」，很難直接看出分別屬於哪些生物。

　　埃迪卡拉紀的生物全都是單純、沒有硬性組織的軟體性動物，不過在寒武紀大爆發的最初期，世界各地的動物幾乎在同一時間開始出現身體有部分硬質化的趨勢。隨著寒武紀大爆發規模擴大，這種硬質化趨勢也越來越顯著。最後，連新出現的軟體性動物也長出了貝殼、脊椎等硬性組織，現生動物的祖先陸續到齊。

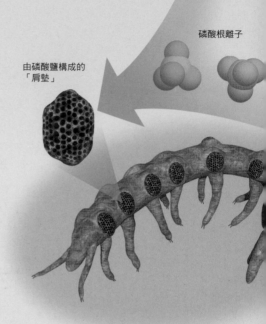

磷酸根離子

由磷酸鹽構成的「肩墊」

哈氏蟲（ㄕ）
學名：*Halkieria*
全長：約5公分
於格陵蘭西里斯巴薩特動物群中發現。前後分別擁有與現生腕足類（舌形貝等）非常類似的殼，也可能是軟體動物的祖先。某些種類只有前方有一片殼，其起源與演化仍有待查明。

由碳酸鹽構成的「殼」

碳酸根離子

由碳酸鹽構成的「鱗片」

硬質化的生物群

從寒武紀大爆發前不久到大爆發初期，世界各地的動物幾乎在同一時間開始出現身體有部分硬質化的趨勢。跨頁圖所示為各種擁有堅硬組織之動物的原始形態。

小殼化石

小殼化石多為大小不到1毫米的化石，依主要成分大致上可分成「碳酸鹽類」（碳、氧、鈣）、「磷酸鹽類」（磷、氧、鈣）、「矽酸鹽類」（矽、氧）。現已發現微網蟲與哈氏蟲包含軟體部分痕跡的全身化石，本頁列出了其復原插圖。

矽酸根離子

由矽酸鹽構成的「棘」

皮蘭海綿（↘）

擁有矽酸鹽質的棘。進入寒武紀後，在埃迪卡拉生物群以前便已存在的動物群中，也演化出了擁有堅硬部位的物種。

（←）微網蟲

本體相當柔軟，腳的根部有著由磷酸鹽構成的「肩墊」，是小殼化石為生物「零件」的典型例子。

以前只有零散地發現身上的鱗片，直到1991年時莫里斯博士發現了完整化石並將其復原。

埃迪卡拉生物群　　小殼化石　　伯吉斯頁岩動物群

約5億7000萬年前　　　約5億4200萬年前　　　約5億2000萬年前
　　　　　　　（寒武紀大爆發前不久～初期）

寒武紀大爆發始於小殼化石的時代，終於伯吉斯頁岩動物群的時代（精確的始末期間會依不同學者而異）。

小殼化石

COLUMN

眼睛的登場
加速了生物演化

以伯吉斯頁岩動物群為首的寒武紀大爆發後的動物化石，大多擁有相當複雜的結構，譬如昆蟲般的外骨骼、尖銳的口器、如劍般的棘刺等。

生命史上第一個具有「眼」的動物化石也是在寒武紀時期誕生。注意到這點的帕克博士認為，擁有堅硬組織的動物之所以誕生於寒武紀大爆發，關鍵或許就在於眼的出現，而於1998年提出「光開關理論」（Light Switch Theory，即眼睛起源說）。

該假說主張：在寒武紀大爆發之前、小殼化石出現之前，某些軟體性的動物在偶然之下演化出了眼睛。演化出眼睛的動物，在生存競爭中明顯比較有利。具備眼睛的掠食者可以精確掌握獵物的位置與弱點；具備眼睛的獵物則能及早感知到天敵靠近，躲在岩石遮蔽處或泥土中，藉此隱藏身影。

生存競爭越來越激烈，讓「掠食者」演化出堅硬的牙齒與追捕獵物用的腳、鰭；讓「獵物」演化出防禦用的棘刺、殼，以及逃跑用的腳、鰭。於是，生物便越來越多樣化。

三葉蟲擁有與現生動物
相似的複雜眼睛

寒武紀大爆發的化石中突然出現了許多有眼動物，此即帕克博士提出假說的證據。其中，在寒武紀大爆發最初期出現的三葉蟲就是典型的例子。在仔細研究過三葉蟲的眼睛後可知，當時的三葉蟲眼睛已具備複雜功能，可媲美現生動物的複眼（由許多小透鏡結構構成的眼睛）。

另外，就如同「武裝是裝飾」（armaments are ornaments）這句話所言，棘刺等的主要功能並不是防禦，而是在視覺上讓掠食者知道「你再過

奇蝦

多鬚蟲（↑）
學名：*Sanctacaris*
全長：約9公分
頭部有小眼睛的節肢動物，屬於螯肢動物（蠍子、蜘蛛等）的一種。

（←）帚尾蟲
學名：*Sarotrocercus*
全長：最大達1.6公分
有著凸出大眼的節肢動物。有人認為這種生物是將身體下側朝上來泳動。

歐巴賓海蠍

寒武厚槳蝦

來的話就會被刺」。要是掠食者沒有眼睛的話，這種裝飾性武裝就無法發揮效果。再者，倘若掠食者沒有複雜的眼睛，棘刺與殼就不會如此多樣

「最初的眼」，是首度能夠辨識形嗎？

圖為寒武紀時誕生的有眼動物，以及典型的三葉蟲眼睛結構（推測圖。細胞部分參考了現生節肢動物）。個別的小小透鏡結構無法運動，不過透鏡的數量很多，且每個透鏡的方向略有不同，可構成寬廣的視野及很高的解析度。另外，可能也有眼睛中央與周圍的焦距不同，具備多重焦點型（遠近兩用）眼睛的三葉蟲存在。

帕克博士認為是從寒武紀以後，生物界才出現可以稱為「眼」的器官並擁有視覺。

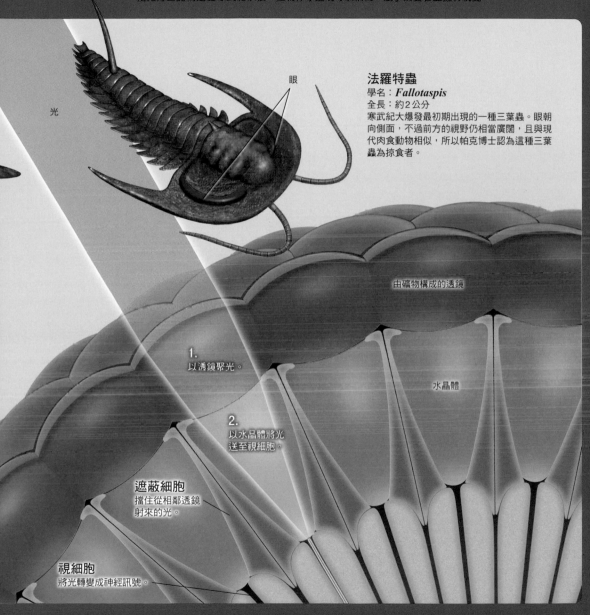

光

眼

法羅特蟲
學名：*Fallotaspis*
全長：約2公分
寒武紀大爆發最初期出現的一種三葉蟲。眼朝向側面，不過前方的視野仍相當廣闊，且與現代肉食動物相似，所以帕克博士認為這種三葉蟲為掠食者。

由礦物構成的透鏡

1.
以透鏡聚光。

水晶體

2.
以水晶體將光送至視細胞。

遮蔽細胞
擋住從相鄰透鏡射來的光。

視細胞
將光轉變成神經訊號。

化了。

此假說目前還沒有達到定論的地步。帕克博士希望隨著對寒武紀化石的持續分析，能在未來找到更多證據。

擁有堅硬外殼的節肢動物「三葉蟲」

接在寒武紀之後的年代是「奧陶紀」（約4億8800萬～4億4400萬年前）。進入奧陶紀後，「三葉蟲」（trilobite）開始嶄露頭角。三葉蟲在寒武紀早期出現，一直生存到二疊紀（古生代最後一個紀），在這3億年間多次進化成不同的樣子。三葉蟲全長約數公分至數十公分，擁有石灰質（鈣質）外殼。蝦蟹等甲殼類以及獨角仙等昆蟲也都擁有外殼，但這些外殼多由幾丁質（一種多醣）構成。石灰質外殼比幾丁質外殼還要堅硬，與雙殼貝的外殼類似。

就像許多節肢動物一樣，三葉蟲也會透過蛻皮而成長。事實上，許多化石就被認為是三葉蟲蛻下來的外殼。蛻皮時，頭部的特定部位會裂開，讓個體得以脫去並捨棄老舊外殼（外骨骼）。一般認為，三葉蟲在成長為成體之前，個體每蛻皮一次，節的數量就會增加。另外，某些化石中還會發現胃等內臟器官。

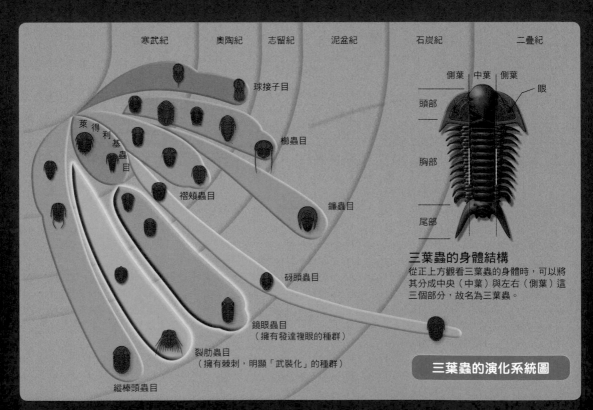

寒武紀　奧陶紀　志留紀　泥盆紀　石炭紀　二疊紀

球接子目

萊得利基蟲目

櫛蟲目

褶頰蟲目

鐮蟲目

砑頭蟲目

鏡眼蟲目
（擁有發達複眼的種群）

裂肋蟲目
（擁有棘刺，明顯「武裝化」的種群）

縱棒頭蟲目

三葉蟲的演化系統圖

側葉　中葉　側葉

頭部　眼

胸部

尾部

三葉蟲的身體結構
從正上方觀看三葉蟲的身體時，可以將其分成中央（中葉）與左右（側葉）這三個部分，故名為三葉蟲。

目前就連學者也難以掌握正確數量，不過一般認為三葉蟲綱有超過一萬個物種（上圖中描繪了各種群中的主要物種）。這個數量遠勝其他古生物的化石，所以三葉蟲也有「化石之王」的美名。三葉蟲於寒武紀出現，不久後便多樣化。

雷氏蟲（→）
學名：*Resserops* sp.
分類：萊得利基蟲目
時代：寒武紀
發現地：摩洛哥

安達盧西亞蟲
學名：*Andalusiana* sp.
分類：萊得利基蟲目
時代：寒武紀
發現地：摩洛哥

＊「sp.」為「species」（種）的略稱，當不知道種小名時，可用sp.來表示「～的一種」。

三葉蟲演化進而多樣化

　　葉蟲大多會挖取海底的泥土，攝取泥中的有機化合物為食。另一方面，三葉蟲剛出現在世界上時，似乎也會被其他大型動物捕食。某些三葉蟲化石中，就有留下受到掠食者攻擊的痕跡（被咬的痕跡等）。

　　處於被捕食立場的三葉蟲，也陸續演化出各種防禦手段。譬如像鼠婦一樣，採取捲起身體的「蜷曲」姿勢。另外，不少三葉蟲會利用身上的棘刺作為「武裝」，以抵抗掠食者。

　　節肢動物特有的「複眼」，也是三葉蟲的一大特徵。前寒武紀（三葉蟲出現之前的時代）的生物化石中，並未發現眼睛的痕跡。在幾乎所有生物都無法分辨明暗的年代，擁有複眼的三葉蟲卻可以捕捉物體的立體樣貌。

三葉蟲的演化

寒武紀的三葉蟲不論大小都呈扁平狀，缺乏立體結構。不過奧陶紀的三葉蟲開始長出棘刺、角、凸出的眼睛等，擁有各種明顯的立體結構。另外，在伯吉斯頁岩動物群、澄江動物群中，都發現了多種三葉蟲化石。若分析各個時代的三葉蟲種數，可知寒武紀的三葉蟲種類最多。而且許多寒武紀三葉蟲的外形十分相像，如果不是專家的話可能分辨不出差異。

英格里亞手尾蟲
學名：*Cheirurus ingricus*
分類：鏡眼蟲目　時代：奧陶紀　發現地：俄羅斯

寬展櫛蟲
學名：*Asaphus expansus*
分類：櫛蟲目　時代：奧陶紀　發現地：俄羅斯

装甲多刺蟲
學名：*Drotops armatus*
分類：鏡眼蟲目
時代：泥盆紀
發現地：摩洛哥
以「蜷曲」姿勢形成化石的三葉蟲。左方如草莓果實般的部分就是複眼（每個顆粒都是構成複眼的透鏡）。身體表面長有許多小棘刺。

＊照片：日本國立科學博物館

由眼睛形態可以看出三葉蟲的生態

舉例來說，擁有半球狀複眼的三葉蟲（鏡眼蟲等）化石分布範圍很廣，從遠洋地層到沿岸地層都可以發現其蹤跡，可見擁有很好的游泳能力。計算光進入透鏡的角度可知，其視角向上可達90度，往下可達60度，更能保障生命安全。

另一方面，外殼厚重、體重很重，由外表形態可明顯看出是生活在海底的三葉蟲（櫛蟲目），其複眼就看不到水平線以下的區域。在這類三葉蟲中，有些擁有凸出的複眼，有些會使複眼縱向堆積，令其能在身體埋於泥中的同時，伸出眼睛至海中觀察周圍狀況、保持警戒。

說明海洋消失過程的三葉蟲化石

大不列顛島包含蘇格蘭、英格蘭等，是現在的英國（不列顛群島）的主要大島。這個北大西洋的島上有許多三葉蟲化石，但北部與南部的種類不同。這表示在北部與南部之間，原本有個三葉蟲無法跨越的廣大海洋。當兩個大陸彼此遠離，大陸沿岸的三葉蟲很可能各自演化，進而產生出不同的物種。

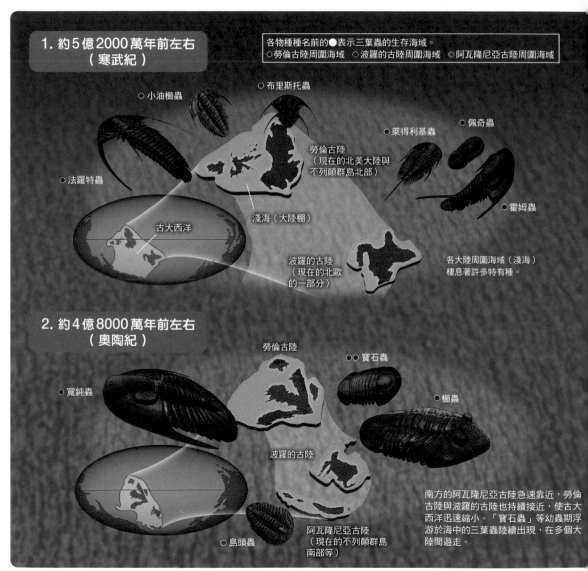

1. 約5億2000萬年前左右（寒武紀）

各物種種名前的●表示三葉蟲的生存海域。
○勞倫古陸周圍海域　○波羅的古陸周圍海域　○阿瓦隆尼亞古陸周圍海域

○小油櫛蟲

○布里斯托蟲

○萊得利基蟲

○佩奇蟲

勞倫古陸
（現在的北美大陸與不列顛群島北部）

○法羅特蟲

○霍姆蟲

古大西洋

淺海（大陸棚）

波羅的古陸
（現在的北歐的一部分）

各大陸周圍海域（淺海）棲息著許多特有種。

2. 約4億8000萬年前左右（奧陶紀）

勞倫古陸

○○寶石蟲

○寬鈍蟲

○櫛蟲

波羅的古陸

南方的阿瓦隆尼亞古陸急速靠近，勞倫古陸與波羅的古陸也持續接近，使古大西洋迅速縮小。「寶石蟲」等幼蟲期浮游於海中的三葉蟲陸續出現，在多個大陸間遊走。

○島頭蟲

阿瓦隆尼亞古陸
（現在的不列顛群島南部等）

*圖中描繪了古大西洋消失的過程，以及各時代的代表性三葉蟲。

在古生代寒武紀時，赤道附近有名為「勞倫古陸」（Laurasia）與「波羅的古陸」（Baltica）的兩個大陸。這兩個大陸與南方巨大大陸之間，有個「古大西洋」（Iapetus Ocean，又稱巨神海）。

地球上的大陸自古以來就會時而分離，時而聚集。大陸（板塊）移動時，海洋的形狀會跟著改變。大陸與大陸相撞時，中間的海就會消失。古大西洋也會隨著大陸的移動改變形狀，並於志留紀末開始消失，到了泥盆紀晚期便完全消失。

就在古大西洋逐漸縮小的同時，三葉蟲的種類也跟著減少。當包圍著古大西洋的大陸彼此越來越近，就導致沿岸三葉蟲的生存區域開始互相重疊，演變成劇烈的生存競爭，這或許是三葉蟲種類減少的原因之一。

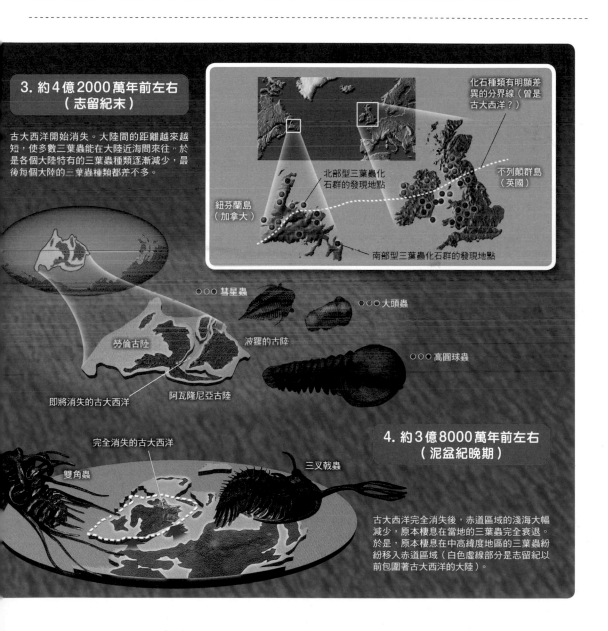

3. 約4億2000萬年前左右（志留紀末）

古大西洋開始消失。大陸間的距離越來越短，使多數三葉蟲能在大陸近海間來往，於是各個大陸特有的三葉蟲種類逐漸減少，最後每個大陸的三葉蟲種類都差不多。

化石種類有明顯差異的分界線（曾是古大西洋？）

北部型三葉蟲化石群的發現地點

不列顛群島（英國）

紐芬蘭島（加拿大）

南部型三葉蟲化石群的發現地點

○○○ 彗星蟲

○○○ 大頭蟲

○○○ 高圓球蟲

勞倫古陸

波羅的古陸

即將消失的古大西洋

阿瓦隆尼亞古陸

完全消失的古大西洋

雙角蟲

三叉戟蟲

4. 約3億8000萬年前左右（泥盆紀晚期）

古大西洋完全消失後，赤道區域的淺海大幅減少，原本棲息在當地的三葉蟲完全衰退。於是，原本棲息在中高緯度地區的三葉蟲紛紛移入赤道區域（白色虛線部分是志留紀以前包圍著古大西洋的大陸）。

在奧陶紀繁盛起來的「棘皮動物」

插 圖所示為奧陶紀時的俄羅斯西部（聖彼得堡近郊）。當地是代表性的化石產地，從近代地質學萌芽的19世紀開始，就有許多學者在此研究化石。

右下方的較大個體是全長約12公分、名為「涅什科夫斯基蟲」的三葉蟲，膨大的頭部內有腸胃。後方泳動的是全長5公分左右、名為「槳肋蟲」的三葉蟲，擁有接近360度的視野以及流線型身體，一般認為游泳能力很強。

奧陶紀是棘皮動物繁盛的年代。現生棘皮動物包括海星、海膽等生物，擁有五輻射對稱※的身體為其一大特徵。奧陶紀的棘皮動物包括長得像包子的「座海星」（Edrioasteroidea）、外形像植物的「海林檎」（Cystoidea）等。座海星表面覆有許多石灰質小板，底面則是能附著在其他東西上的構造。另一方面，海林檎可以伸出兩根觸手，抓取海水中的有機化合物為食。

※：五個相同的形狀以某種規律排列。

槳肋蟲
學名：*Remopleurides*
分類：節肢動物門 三葉蟲綱 櫛蟲目 槳肋蟲科

某種海林檎

擁有植物般的外型，卻是動物。可伸出兩根觸手，抓取海水中的有機化合物為食。

某種座海星

直角石
學名：*Orthoceras*
分類：軟體動物門 頭足綱 鸚鵡螺亞綱 直角石目 直角石科
殼的長度：約15公分

涅什科夫斯基蟲
學名：*Nieszkowskia*
分類：節肢動物門 三葉蟲綱 鏡眼蟲目 手尾蟲科

繁盛於全世界海中的 「海百合」

「海百合」是全長數公分至50公分左右的棘皮動物。出現於寒武紀，志留紀以後在全世界的海中尤其繁盛。而「百合」這個名稱，源自於彷彿花朵一般的外表。

海百合是由「莖」、稍微膨大的「萼」以及從萼伸出的數條「腕」所構成。不同種類的海百合，各部位的外形也不一樣。另外，有些種類的莖末端會固定在岩盤上，有些種類的莖會長出分枝，有些則在莖的底部有似根的分枝，還有些海百合會纏繞在珊瑚上……可見海百合十分多樣。

古生代的海底，有許多不同種類的海百合族群。插圖中間的「節刺海百合」是泥盆紀時北美海域最繁榮的一種海百合，萼以堅硬的「裝甲」固定著。左下方是「原囊海百合」（*Proctothylacocrinus*），萼末端伸出了一個長有棘刺的「管」，是名為「肛門囊」的肛門。

海百合

古生代有五大類海百合，各有各的特徵。古生代末的大規模滅絕事件導致其中四類滅絕，只剩一類存活至今。現生海百合的形態與古生代的海百合類似，所以也稱做「活化石」。除了海百合之外，鸚鵡螺、腔棘魚、鱟等也都是活化石。

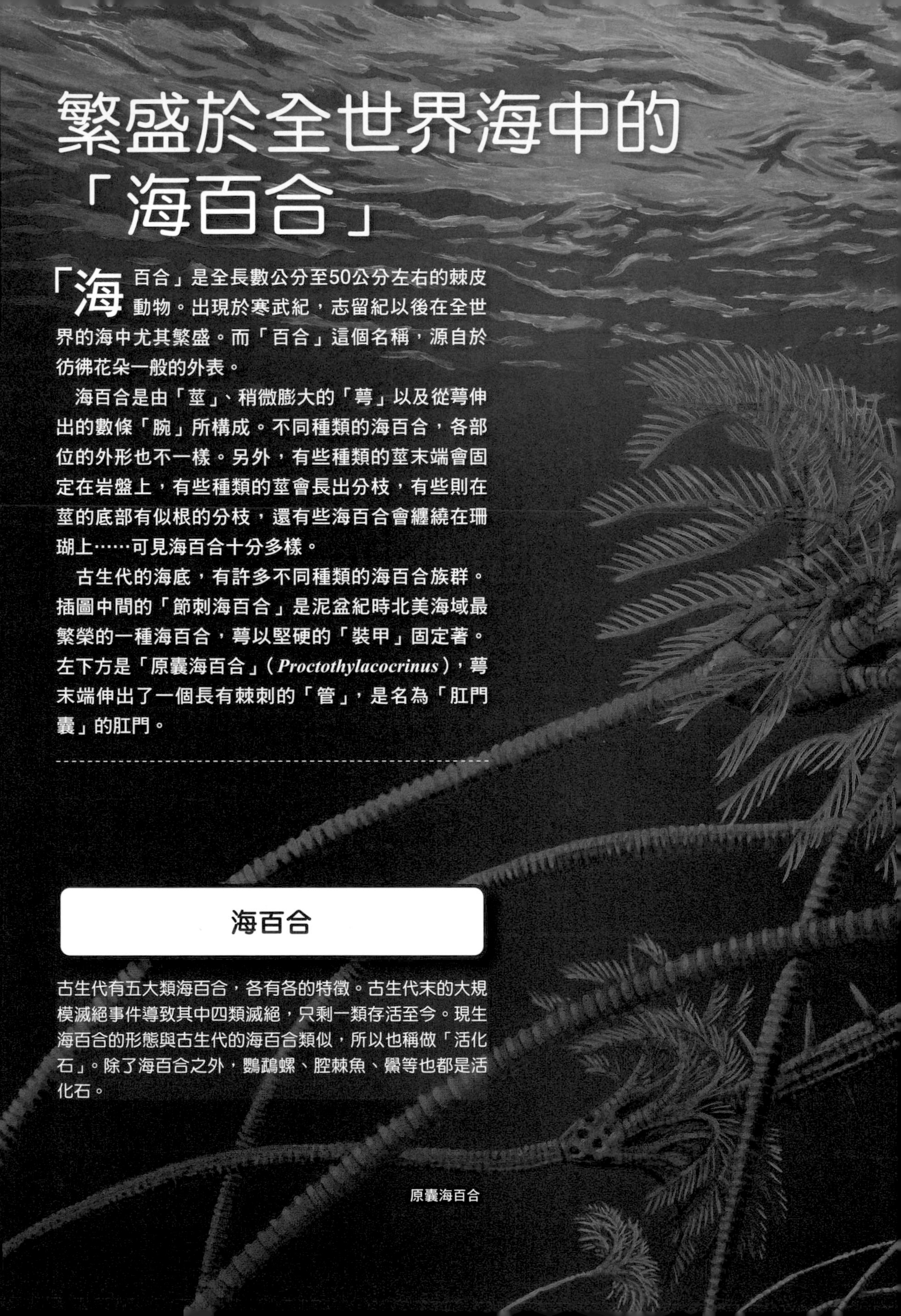

原囊海百合

節刺海百合
學名：*Arthroacantha*
分類：棘皮動物門 海百合類
發現地：北美

＊世界各地都有發現海百合類的化石。

全長約20公分。與海林檎類似，會伸出腕來捕捉浮游生物，再透過腕與口之間的溝送入體內。另外，也從某些化石發現有螺貝附著在節刺海百合的萼上，這些螺貝可能會以節刺海百合排出的糞便為食。

陸地上出現「綠意」

即使進入了古生代，地球的陸地仍有一段時間處於光禿禿的荒蕪狀態。若此時從太空看向地球，會看到藍色的海洋中漂浮著「土色」的陸地。順帶一提，當時的海洋之中應該已經有藻類（現生藻類的祖先）存在。

目前最古老的陸上植物化石是「苔蘚植物」的孢子與孢子囊化石，年代為 4 億7000萬年前，是奧陶紀早期的化石。

為什麼苔蘚植物會登陸呢？綠色植物行光合作用時，需使用特定波長的光。而與在水中相比，在淺灘上可以更有效率地吸收到這些波長的光，在陸地上的吸收效率又更高。為了取得這些「光資源」，植物就必須要登陸才行。

登陸之後的植物逐漸適應了乾燥環境，往內陸拓展其生存空間。逐漸拓展開來的植物聚落會持續進行光合作用，增加氧氣含量，製造出來的適當環境讓動物得以在之後的時代登陸。

適應陸地
蕨類植物、裸子植物、被子植物等陸上植物的細胞壁都含有「木質素」。木質素是植物蠟的主成分，可以抑制細胞表面的水分蒸發（蒸散）。另外，木質素可以增加細胞壁整體的強度。如此一來，植物便能抵抗重力，在沒有浮力的陸地上撐住自己的身體。

陸上植物系譜

*參考西田治文《植物走過的路》製成。

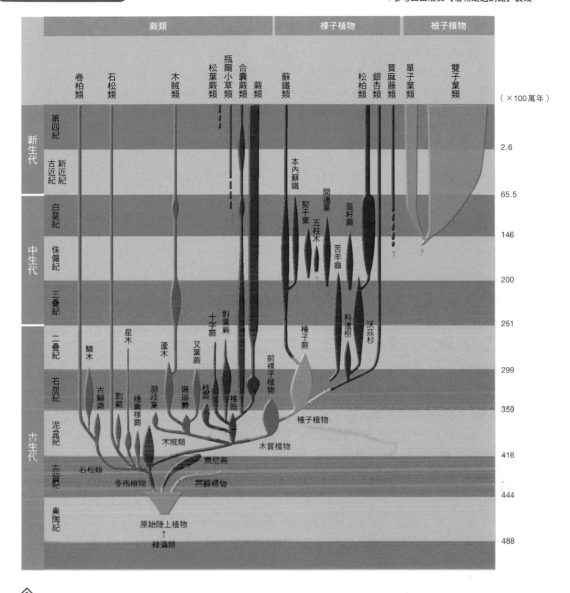

	蕨類	裸子植物	被子植物

（×100萬年）

卷柏類　石松類　木賊類　松葉蕨類　瓶爾小草類　合囊蕨類　蕨類　蘇鐵類　買麻藤類　銀杏類　松柏類　單子葉類　雙子葉類

新生代　第四紀　2.6
新生代　古近紀　新近紀　65.5
中生代　白堊紀　146
中生代　侏儸紀　200
三疊紀　251
古生代　二疊紀　299
石炭紀　359
泥盆紀　416
志留紀　444
奧陶紀　488

本內蘇鐵
契干葉
開通果
五柱木
盔籽蕨
苦羊齒

種子蕨
科達樹
沃茲杉

鱗木
星木
蘆木
十字蕨
對葉蕨
叉葉蕨

前裸子植物
種子蕨

古鱗蕨
剃蕨
珊瑚蕨
枝蕨
裸蕨
穗囊裸蕨
羽歧葉
木賊類
萊尼蕨

種子植物

木質植物

石松類
多枝植物
苔蘚植物

原始陸上植物
↑
綠藻類

頂囊蕨

「頂囊蕨」（*Cooksonia*）為生存於志留紀中期至泥盆紀早期（約4億2500萬～4億年前）的陸上植物，是已知擁有植物形態的最古老化石。高度只有數公分左右，沒有根與葉，末端可能有孢子囊結構。頂囊蕨在分類上屬於「萊尼蕨」，兼具苔蘚和蕨類的特徵。

志留紀的霸主「海蠍」

奧陶紀末發生了生命史上的大滅絕。海洋生物中，有50%以上的生物「屬」完全消失。因為這次滅絕事件，使奧陶紀時繁榮的三葉蟲※與直角石大受打擊，物種的多樣性銳減。另外，這次事件也是生命史上五次大滅絕（參見第111頁）之一。

這次大滅絕後迎來的第一個時代是「志留紀」。志留紀約在 4 億 4400 萬～4 億 1600 萬年前，是古生代的第三個年代。

志留紀海中的代表性節肢動物是「海蠍」（eurypterid，又稱廣翼類）。海蠍是寒武紀大爆發近 1 億年後登場的動物，演化出了各種附肢，譬如用來游泳的槳狀觸手、將獵物送進口中的觸手等。而且身軀龐大，可以說是君臨整個生態系的頂點。

※：以分類層級「科」而言，有30%的「科」因此滅絕。

與現生鱟類似，不過身體結構相當原始，大小只有數公分至 10 公分左右。

海蠍

插圖所示為志留紀時的北歐（英國、挪威等）。位於中央的「混足鱟」就是一種海蠍，較大者全長可達 2 公尺。海蠍有著遠勝其他物種的巨大體型、多功能附肢，當時應立於生態系頂點。

（↙）裂殼目生物。是現生海螢的近親，大小約數公分。

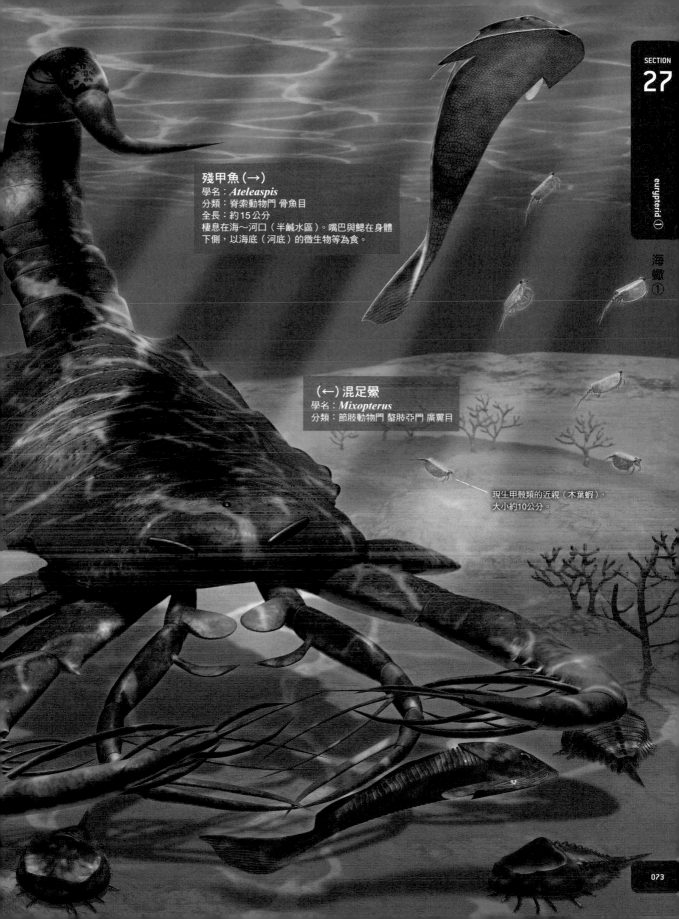

殘甲魚（→）
學名：*Ateleaspis*
分類：脊索動物門 骨魚目
全長：約15公分
棲息在海～河口（半鹹水區）。嘴巴與鰓在身體
下側，以海底（河底）的微生物等為食。

（←）混足鱟
學名：*Mixopterus*
分類：節肢動物門 螯肢亞門 廣翼目

現生甲殼類的近親（木葉蝦），
大小約10公分。

擁有各種特徵的海蠍

右方照片為在美國發現的海蠍「板足鱟」的化石。雖然螯肢沒有混足鱟那麼大，卻擁有適合游泳的槳狀附肢。

下圖為「翼鱟」，是一種全長最大可達2公尺的海蠍。頭部長有六對共12個附肢，最前面的一對為螯肢，最後面的一對則呈現如槳般的形狀。說到翼鱟最大的特徵，就是尾部形狀宛如飛機的垂直尾翼。近年研究認為，這種尾翼使其在游泳時能保持姿勢穩定。

世界各地都有發現翼鱟的化石，廣泛分布在沿岸、遠洋、淡水、海水等區域。淺灘的化石多為較小的幼體，遠洋的化石則多為較大的成體。由此可知，年幼的翼鱟會在天敵較少的淡水、半鹹水（混雜了海水與淡水的水）的淺灘環境成長，之後遷移到遠洋地區度過一生。

翼鱟
學名：*Pterygotus*
分類：節肢動物門 螯肢亞門 廣翼目
全長：最大達2公尺左右
發現地：歐洲、北美、澳洲等
化石上有鱗片般的裝飾結構，類似高爾夫球表面的凹凸構造。推測這可能有助於減少游泳時的水中阻力。

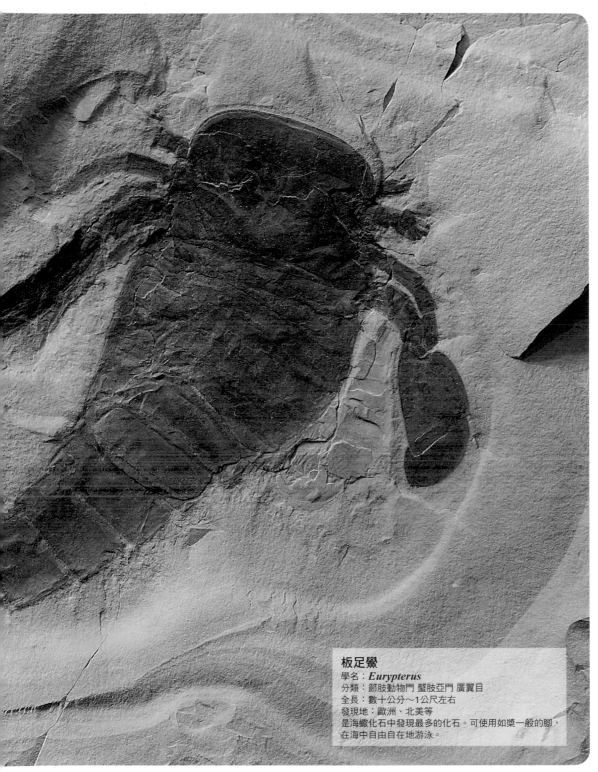

板足鱟

學名：*Eurypterus*
分類：節肢動物門 螯肢亞門 廣翼目
全長：數十公分～1公尺左右
發現地：歐洲、北美等
是海蠍化石中發現最多的化石。可使用如槳一般的腳，
在海中自由自在地游泳。

＊照片：日本三笠市立博物館

住在深海的微小動物

留紀時,在水深150～200公尺的深海中,棲息著許多全長僅數毫米左右,卻有著獨特樣貌的各種生物。

本跨頁圖中的動物是1990年代起,於英國西部赫里福德郡(Herefordshire)發現的微生物群。赫里福德郡化石群的一大特徵在於,不僅保留了易形成化石的外殼等堅硬組織,也保留了難以形成化石的鰓等軟體組織。

赫里福德郡的代表性化石物種為「奧法蟲」(*Offacolus*),全長約5～7毫米,沒有眼

睛,腳(附肢)多往前方伸出。似乎可以使用長有剛毛的觸角來探索周圍的情況。奧法蟲與現生鱟類同屬於「螯肢動物」(一類節肢動物),但其餘資訊至今不明。

在奧法蟲的背後可以看到全身披覆著大殼的「盔蟲」(*Xylokorys*),這是一種全長約3公分的節肢動物。盔蟲是寒武紀「馬瑞拉蟲」的近親,與現生動物的親緣關係不明。

海巫蛛
學名:*Haliestes*
現生海蜘蛛的近親,螯肢動物的一種。

不列顛群島

赫里福德郡

烏帽子貝的一種。有著貝類的外形,卻屬於甲殼類。

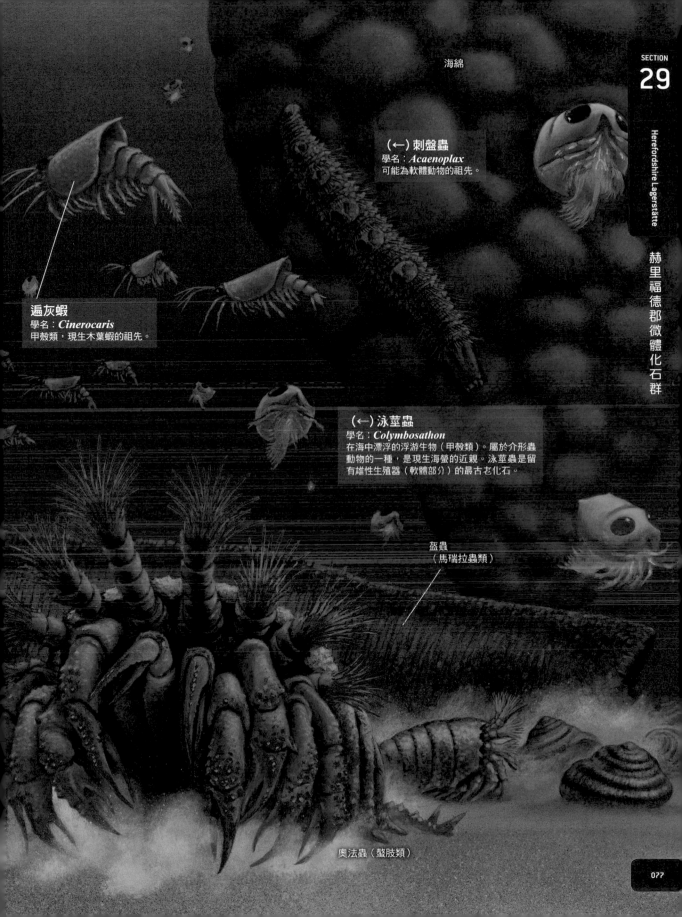

海綿

（←）刺盤蟲
學名：*Acaenoplax*
可能為軟體動物的祖先。

遍灰蝦
學名：*Cinerocaris*
甲殼類，現生木葉蝦的祖先。

（←）泳莖蟲
學名：*Colymbosathon*
在海中漂浮的浮游生物（甲殼類）。屬於介形蟲
動物的一種，是現生海螢的近親。泳莖蟲是留
有雄性生殖器（軟體部分）的最古老化石。

盔蟲
（馬瑞拉蟲類）

奧法蟲（螯肢類）

「海綿」是
生活在海中的生物

「海綿」是海綿動物門海生動物的總稱。在全世界的海底棲息著約8600種海綿，另外也有生存在淡水中的海綿。海綿形狀千奇百怪，有的呈壼狀、有的呈杯狀，還有的呈塊狀（炒蛋狀）等等，身體由矽酸鹽質的堅硬骨片與海綿質的柔軟纖維構成。顏色多樣，有黃色、黑色、紅色等。體型有大有小，範圍從數毫米到1公尺不等。另外，海綿擺動「鞭毛」時可以產生水流，使水經由無數個體表孔洞流入體內，以進行呼吸與攝食。

事實上，日常生活就有機會看到海綿。譬如在廚房或浴室等處所使用的「天然海綿」，就是來自這種海綿動物。當然，現在家庭使用的通常是以石化材料製成的海綿，不過這種人工海綿的結構也是模仿天然海綿製成。

人們使用的天然海綿，源自「沐浴海綿」（Spongia officinalis）的近親，包括象耳海綿、蜂巢海綿、絲綢海綿等。沐浴海綿生存於地中海、加勒比海、沖繩近海等，水溫常保25℃以上且洋流迅速又溫暖的海中。這些海綿形似球狀，表面有許多孔洞與溝槽，大小約10～30公分左右。原本是黑色或黑褐色，不過在經過洗淨、漂白之後，就可以得到黃色的海綿。

古希臘時代的人們就懂得利用天然海綿了。在吟遊詩人荷馬所著的《奧德賽》中，就有使用天然海綿做清潔工作的橋段。

嚴苛的海綿採集工作

從18世紀左右起，愛琴海（地中海）東南部十二群島中的卡林諾斯島上，就有人以採集海綿維生。現在的海綿採集業雖然漸趨式微卻並未消失，至今仍持續傳承下去。

過去的海綿採集工作十分嚴苛危險。當時的採集者需要將15公斤重的扁平石頭綁在身上，才能夠潛到深海中。1865年時，人們開始使用名為「skafandro」的潛水衣，而能在一天內多次潛入更深的地點。

不過，如果多次潛入深海又回到平地，潛水者血液中的氮氣會變成氣泡，造成「潛水夫症」（減壓症）。那時還不曉得什麼是潛水夫症，導致在1886～1910年間有約1萬名潛水者因此死亡，約2萬人出現身體麻痺現象。雖然有人製作出「減壓表」，用於顯示體內氮氣濃度與潛水深度、時間的關係，但還是花了很長一段時間才讓人們認知到反覆潛水的風險很高，必須管理總潛水時間以防止事故發生。

另外，近年來人工養殖海綿產業也會活用海綿強大的再生能力，讓切成小塊的海綿自我再生以利繁殖。

*參考《An Introduction to Design Arguments》Benjamin C. Jantzen等。

沐浴海綿

海綿採集者雕像

美國佛羅里達州塔彭斯普林斯的海綿採集者雕像（上圖）。這個城市於20世紀初時，聘請了許多希臘專家協助推展海綿產業。最上圖為錫米島路邊攤的天然海綿。

3

古生代

（泥盆紀～二疊紀）

Paleozoic era（Devonian - Permian）

魚類時代的序幕 「泥盆紀」

「泥盆紀」（約4億1600萬～3億5900萬年前）的開始，也揭開了古生代後半的序幕。

泥盆紀可以說是魚類的時代。魚類的起源相當古老，過去認為寒武紀大爆發後出現的脊索動物「皮卡蟲」是魚類等脊椎動物的直接祖先。直到1999年在中國澄江發現了「昆明魚」等的化石，使魚類起源往前推到寒武紀大爆發的時間點。在那之後，魚類一直沒有大型化，而是維持嬌小體型直到進入泥盆紀。

早期的魚類又稱為無頜類（agnathan），並沒有咬合用的頜（下巴），因此只能以沉積在海底的有機化合物為食。在泥盆紀以後的魚大多都演化出了頜，捕食變得更加方便。這代表由魚演化而成的所有陸上脊椎動物的頜，就是在這時候演化出來的。

魚的頜

頜是魚類演化出來的重要結構之一，與魚類之後的繁榮密切相關。回想一下現生鯊魚的樣子，不難想像具有頜帶來了多大的影響。因為有頜，捕食魚類或其他動物也變得容易許多。

沒有頜的現生八目鰻

魚類的系統

無頜類（八目鰻等）
有頜類
　・棘魚類（→第86頁）
　・盾皮魚類（→第86頁）※
　・軟骨魚類（→第90頁）
　・硬骨魚類（條鰭魚類、肉鰭魚類）※

※：目前學者認為盾皮魚（綱）、甲冑魚等魚類非單系群，故通常稱其為「類」而非賦予其一個分類階層。硬骨魚類指的是擁有堅硬骨骼的魚類。現生魚類中有95％以上屬於「條鰭魚類」，其餘如腔棘魚、肺魚等則屬於「肉鰭魚類」。

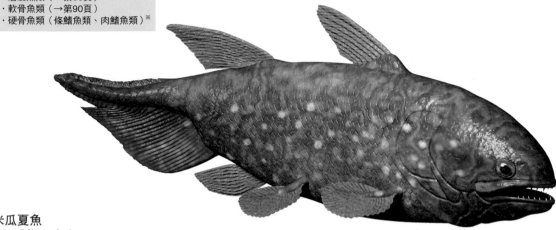

米瓜夏魚

學名：*Miguashaia*
分類：肉鰭魚綱
時代：泥盆紀
體長：30～40公分

原始腔棘魚的一種。腔棘魚是泥盆紀時出現的魚類，身體結構與兩生類類似。過去認為腔棘魚已在白堊紀末滅絕，不過1938年時在南非共和國確認到活體腔棘魚的存在。至今已發現2種現生腔棘魚。

隨著魚類的演化
跟著改變外形的頜（→）

泥盆紀以前便已存在的「無頜類」其鰓弓骨只是單純地排成一列，嘴巴會一直處於張開的狀態（**A**）。**B**是頜快要形成的樣子，最前方的鰓弓骨稍微往前傾。**C**是有頜結構的「有頜類」，前傾的鰓弓骨變大、發達而形成頜骨。

鰓弓骨

鰓孔

A

B

C

專欄 COLUMN

頜源自鰓？

頜是由什麼結構演化而來的呢？最常聽到的答案是頜由鰓演化而來，稱做「鰓起源說」。該假說認為，在無頜類的演化過程中，鰓內的小骨頭逐漸變大、變堅固並改變位置，最後形成頜。除此之外，也有人認為頜是由口中的顎（上顎）軟骨演化而成，稱做「顎起源說」。

以陸地為目標的節肢動物

另一方面，曾經支配著海洋生態系的節肢動物開始朝陸地前進。

英國蘇格蘭地區有個名為「萊尼埃燧石層」（Rhynie chert）的泥盆紀早期地層。萊尼埃燧石層於1910年代被發現，當時從中找到了植物化石；進入1920年代後，又在此陸續發現了螯肢類（蠍子、蜘蛛的近親）、彈尾蟲類（昆蟲的近親）、多足類（蜈蚣的近親）等的化石，這些都屬於節肢動物。

萊尼埃燧石層是河川或湖泊沼澤的堆積物，所以無法確定這裡發現的動物化石原本是水生或陸生。一般而言，是水生的機會比較高，不過也有可能是陸生動物的屍體被水沖至該地形成化石。

英國古生物學家塞爾登（Paul Selden）博士與納德（John Nudds）博士在著作《世界化石遺產》（*Evolution of Fossil Ecosystems*）中，整理了全球著名的化石產地。根據該書內容，從萊尼埃燧石層發現的部分螯肢類化石在1960年代進行詳細分析後的結果顯示，這些動物擁有適用於空氣的呼吸器官。由此可知，當時至少有一部分螯肢動物已經可以在陸地上生活的可能性很高。

到了1990年代之後，在英國什羅浦夏的志留紀晚期地層中，發現了以螯肢類為首的各種動物化石。《世界化石遺產》中提到，這是最古老的動物登陸紀錄。

為何可以登陸

為什麼節肢動物會比脊椎動物還要早登陸呢（參見第92頁）？這很可能是因為某一類節肢動物還在水中時，就已經演化出了能在陸地上生活的特徵與結構。

對脊椎動物而言，登陸時要解決的問題相當多，其中之一就是呼吸方式。一般來說，水中動物用鰓呼吸，動物用肺呼吸。於陸地生活的部分節肢動物例如鼠婦等，可以將腳的一部分當作蓋子來關閉鰓。因此，即使身在陸地上，水分也不會從鰓蒸發至空氣中，故可以在陸地上呼吸。

節肢動物的「外骨骼」也有助於應對陸上的乾燥環境。此外，部分節肢動物的外骨骼為有機物質，可以在陸地上自行製造。

再者，外骨骼也有助於抵抗重力。水中有浮力作用，可一旦到了陸地就必須用其他方式支撐身體。有機質的外骨骼質輕且堅固，不會因為過重而無法前進，也不會壓扁內臟。這表示節肢動物已具備了足以在陸地上生活的構造。

萊尼埃村（↓）
萊尼埃燧石層的所在地蘇格蘭的萊尼埃村（Rhynie）。萊尼埃燧石層（右方照片）是泥盆紀早期的河川或湖泊沼澤堆積而成的地層。

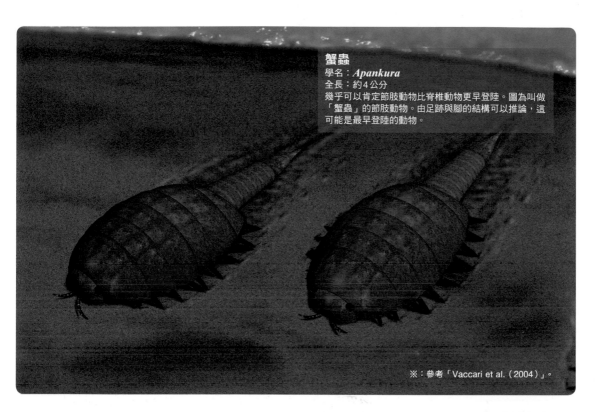

蟹蟲
學名：*Apankura*
全長：約4公分
幾乎可以肯定節肢動物比脊椎動物更早登陸。圖為叫做
「蟹蟲」的節肢動物。由足跡與腳的結構可以推論，這
可能是最早登陸的動物。

※：參考「Vaccari et al.（2004）」。

萊尼埃燧石層
＊照片：小松俊文教授

無頜類／棘魚類／盾皮魚類

出現各式各樣的魚類

泥盆紀時，名為「老紅砂岩」（Old Red Sandstone）的地層以歐洲為中心，堆積於各地的氾濫平原、河口、潟湖、潮汐灘等地。其中又以分布於挪威斯瓦巴群島的地層較具代表性，本跨頁圖是將該地層中發現的魚類化石加以復原而成。鰭上有棘刺的「棘魚類」（Acanthodii），以及頭部和身體前半部被骨質「鎧甲」包覆的「盾皮魚類」（Placodermi）等，在泥盆紀時期似乎相當繁盛。

「槍盾魚」是一種全長約15公分的「無頜類」，在口部前端有鋸子狀凸起往前延伸，身體左右則長了一對翅膀狀的外骨骼。槍盾魚一直張開的嘴巴無法閉闔，可能是以浮游生物或海底的有機化合物等為食。

志留紀以前，魚類大小頂多只有數十公分。泥盆紀以後，才開始出現數公尺大的魚類。這些魚類時至今日依舊掌控著地球的制海權。

中棘魚

希加盾魚

副隙盾魚（→）
學名：*Parameteroraspis*
分類：無頜綱 頭甲魚類

諾爾索盾魚（↘）
學名：*Norselaspis*
分類：無頜綱 頭甲魚類

孔鱗魚
學名：*Porolepis*
分類：肉鰭魚綱 孔鱗魚目

（←）狄克森魚
學名：*Dicksonosteus*
分類：盾皮魚類

針盾魚

槍盾魚（→）
學名：*Doryaspis*
分類：無頜綱 鰭甲魚目

無頜類幾乎都在泥盆紀末滅絕，
僅八目鰻等少數種類留存至今。

披著甲冑的大型魚「鄧氏魚」

泥盆紀海洋的焦點，是在美洲、歐洲、北非等地發現的「鄧氏魚」（又稱胴殼魚）。鄧氏魚的頭部與胸鰭基部被厚重的骨板包覆著，看起來就像身披鎧甲的古代武將，所以也叫做「甲冑魚」。

從最初發現鄧氏魚的19世紀至今，已確認的鄧氏魚化石只有頭部的「甲冑」部分，不過由這些部分仍能推估其全長可達6～7公尺。鄧氏魚可以說是古生代最大的水中動物，與現生大白鯊中最大的個體差不多大。

美國菲爾德自然史博物館的學者維斯尼特（Mark Westneat）博士等人的研究顯示，鄧氏魚咬住獵物的力量是從古至今所有魚類中最強的。另外，鄧氏魚的下巴有尖銳的凸起，但那是如刀刃般銳利的骨板而非牙齒。

鄧氏魚
學名：*Dunkleosteus*
分類：盾皮魚類
全長：約6～7公尺

鄧氏魚的捕食對象主要為魚類。從某些化石留下的痕跡亦可得知，鄧氏魚之間會互相打鬥，甚至會以同類為食。而且吃下同類後，會將無法消化的骨頭等物吐出（也有發現吐出物所形成的化石）。

盾皮魚類中
出現「軟骨魚類」

在 泥盆紀的大海中，以鄧氏魚為代表的
盾皮魚類擁有壓倒性優勢。不過，由
盾皮魚所演化出來的新種群「軟骨魚類」

（Chondrichthyes）崛起，使得盾皮魚類逐
漸衰退，隨著泥盆紀結束而消失無蹤。

直至今日，軟骨魚類仍君臨海洋生態系的

裂口鯊
學名：*Cladoselache*
分類：軟骨魚綱 全頭亞綱 西莫利鯊目
全長：約2公尺

頂點，尤以鯊魚最為人所知。泥盆紀時的「裂口鯊」擁有與現生鯊魚類似的流線體型，可能當時就已經身為「海中狩獵者」立於海中生態系的頂點了。之後鯊魚仍持續進化，中生代白堊紀時便出現與現生鯊魚幾乎相同的物種了。

泥盆紀確實是魚類繁盛的時代，另一方面，生命世界也迎來了一個大事件：某些魚類演化出了骨質的「手腳」，其中又有一部分成功登陸。這些魚類後來演化成了兩生類、爬蟲類、鳥類、哺乳類等動物。

現生鯊魚的口在頭部下方，裂口鯊的口則在頭部前方。除了上述特徵之外，兩者在外觀上幾乎無異。

從棲息在水中的「魚類」到半生活於陸地的「兩生類」

距今3億9500萬年前的泥盆紀早期,原本生存在水中的脊椎動物開始朝陸地前進,從魚類演化成兩生類。

當時,從淡水到海洋都可以看到魚類的蹤影。多樣化的魚類中,有一類的魚鰭內演化出了堅固的骨骼,並以其為軸長出了強健的肌肉,成為所謂的「肉鰭魚類」(Sarcopterygii)。「真掌鰭魚」為肉鰭魚類的代表物種。在英國與加拿大都有發現真掌鰭魚的化石,其胸鰭與腹鰭基部的三根骨頭與四足動物[※]的上臂骨類似,所以被認為是四足動物最古老的近親。

為適應陸地生活的全身變化

登陸後,魚類獲得了那些特徵呢?讓我們試著比較看看真掌鰭魚與兩生類「魚螈」的形態。首先,頭部從原本的魚雷形轉變成較扁平的形狀,眼睛也變得比較

1.
真掌鰭魚
學名:*Eusthenopteron*
魚類(肉鰭魚類)。鰭內有相當於陸上四足動物的股骨、腓骨、脛骨這三塊骨頭。

3.
提塔利克魚
學名:*Tiktaalik*
魚類(肉鰭魚類)。鰭內有像陸生動物手腕般可活動的骨骼。擁有類似頸部的內縮輪廓。

4.
棘被螈
學名:*Acanthostega*
最原始的兩生類,有著槳般的尾鰭。擁有四足,但骨頭強度不足以支撐身體,故認為仍在水中生活。已演化出肺呼吸。

頭骨背側有個小洞。即使鼻孔在水面下,只要這個洞在水面上一樣可以呼吸。一般認為,這個洞後來進化成了內耳。

高，大致位於頭部上方。如此一來，便能像現生鱷魚般把身體藏在水中，僅僅露出一小部分在水面上。

另外，真掌鰭魚頭部後方的骨頭（脊椎等）形態單純，每個骨頭的樣子都差不多，不過魚螈體內的骨頭形狀則會依不同部位而異。舉例來說，在陸地上行走並不像擺動鰭那樣簡單，需要相當複雜的調控才能順利行走。魚螈便是因此演化出了形狀各異的骨頭與關節，並以肌肉調控。後來的陸生脊椎動物演化出頸與肩的結構，呈現出肩膀「吊著」身體

的樣子；肋骨也變粗變長，得以保護動物趴在地上時，其內臟不至於被壓扁。

登陸的原因不只一個？

生物（魚類）為什麼要登陸呢？英國古生物學家克拉克（Jennifer Clack，1947～2020）博士在其著作《有手腳的魚》中提出假說，認為生物登陸的原因在於海洋生態系過於「擁擠」。現今海洋中，生物種類與個體數最多的地方，是水淺而溫暖的海域。泥盆紀時亦同，當這

些地方的生物過多時，肺呼吸比較發達的物種就會往陸地移動。

除此之外，也有學者提出各種關於動物登陸的假說，譬如是為了獲得營養價值更高的食物而登陸，或是為了逃離掠食者而登陸（像是在魚類時代的泥盆紀，在海中相對弱勢的真掌鰭魚逃到淺灘，演化出肺呼吸後登陸）等。但尚未發現任何決定性證據，足以證明哪個假說是正確的。

※：四隻腳的脊椎動物。包括兩生類、單弓類（哺乳類等）、爬蟲類、鳥類等。

＊這些動物的全長皆為數十公分～1公尺左右。

真掌鰭魚

魚雷形頭部與全身

骨骼結構相對單純

眼睛在頭部側面

頭骨與鰭直接以關節相連

鰭內骨頭細小

頭骨與手腕分離（形成頸與肩）

骨骼結構複雜　有腰部

魚螈

相對扁平的頭部（眼睛位於頭部靠上側）

由堅固骨頭構成的腳

有腳趾（後腳為7趾）

2.

潘氏魚

學名：*Panderichthys*

魚類（肉鰭魚類）。頭部相當平，眼睛長在頭的上方，五官分布與陸上四足動物相似。鰭的內部有著像手指般的骨骼（外面看不到）。

5.魚螈

學名：*Ichthyostega*

全長1公尺左右。演化程度比棘被螈更高的兩生類，擁有頸部、四隻腳、肺呼吸等陸上動物的特徵（至此，脊椎動物才算真正登陸）。另外，因為沒有發現前腳的化石，故前腳是參考後腳繪成。

＊參考「Ahlberg et al.（2005）」等製成。因為未發現魚螈的前腳化石，故上圖沒有繪出。

從魚類到兩生類的改變

魚類「真掌鰭魚」的腳中骨骼數與後來的陸上四足動物相同。隨著真掌鰭魚的登場，生物開始邁向登陸之路。隨著腳的發達，頭部的形狀也跟著變化，由肩、頸的形成即可看出（1～5）。另外，這些化石的發現地點都不一樣，故可推斷圖中所描繪的登陸演化應在世界各地同時進行（也有學者認為魚螈並沒有完全脫離水中生活）。

繁盛於古生代～中生代海洋的「鸚鵡螺」與「菊石」

直角貝於寒武紀末出現，是古生代時相當繁盛的肉食性海生生物。與現生的章魚、烏賊同屬「頭足類」（Cephalopoda），以擁有角錐狀外殼的「直角石」（參見第67頁）為代表，有各式各樣的物種存在。其中也有全長達數公尺的物種。直角貝在中生代三疊紀早期之前便瀕臨滅絕，不過直角貝的後代「鸚鵡螺」至今仍生活在西南太平洋至印度洋一帶（有珊瑚礁分布、水深150～300公尺的熱帶海域）。

到了古生代志留紀，直角石分支演化出了「菊石」。菊石與鸚鵡螺的外型十分相似，卻有幾個不同點：譬如菊石在外殼的漩渦中央內側有個「原殼」（protoconch，又稱胎殼），且菊石殼內用以區隔「殼室」的「中膈」（septum）彎曲方向與鸚鵡螺不同（但也有例外）等等。

觸手
有60～90隻左右。表面有許多細溝，有利於抓取獵物等。

漏斗
以口部吸取海水再從漏斗處用力噴出，並搭配氣體產生的浮力，藉此在海中泳動。

鸚鵡螺

菊石

中膈

氣室

原殼
（紅線圈起處）

菊石（→）

分類：軟體動物門 頭足綱 菊石亞綱
時代：古生代志留紀～中生代白堊紀
殼長（殼直徑）最小僅數公分，最大可達2公尺（巨菊
石，*Parapuzosia*）。菊石後來單獨演化，於中生代時
達到頂峰，卻於白堊紀末滅絕。

（←）鸚鵡螺（現生）

學名：*Nautilus pompilus*
分類：軟體動物門 頭足綱 鸚鵡螺亞綱 鸚鵡螺目 鸚鵡螺科
時代：泥盆紀～
殼長約15～20公分。白天沉入海中深處（可潛到水深600
公尺處），入夜之後會浮上來捕食蝦蟹、進行產卵等。

中膈可將殼內分成多個殼室，稱做「氣室」。各個氣
室透過名為「體管」或「連室氣管」（圖中紅線）的
管線連通，將氣體輸入各氣室即可產生浮力。

覆蓋大陸的大森林出現

地質學家將埃迪卡拉紀到現今第四紀共約6億年的時間，分成了13個地質年代（紀）。這些年代的名稱大多源自於首次發現該年代地層的所在區域。其中，「石炭紀」（約3億5900萬～2億9900萬年前）是唯一名稱與人類「產業」密切相關的年代。正如其名所示，石炭紀地層中含有大量的煤炭，撐起了在18世紀時始於英國的工業革命。

形成大量煤炭的原因在於當時該地為大片森林。石炭紀時，海平面上升形成大片濕地，因而長出了大片森林。森林中的植物以「鱗木類」等蕨類為主，不少蕨類可以長到30公尺高。

雖然石炭紀形成了大片森林，但後來海平面下降導致地面迅速乾燥化，使森林在二疊紀時全數消失。

- -

石炭紀的大森林

濕地的蕨類森林多由鱗木類構成，包括「鱗木」、「封印木」等物種。鱗木就如其名所示，樹皮看起來就像布滿鱗片的魚皮一樣。鱗木本身已經滅絕，不過其近親水韭類植物依舊在現代的休耕田地、湖泊淺灘自行繁衍（但由於水邊環境逐漸惡化，水韭已瀕臨絕種）。

封印木
學名：*Sigillaria*
分類：石松門 水韭綱 鱗木目
高度：約20～30公尺
因為葉子掉落所留下的六邊形痕跡，與封蠟章壓印出的形狀相似，故命名為「封印木」。

原蠊（→）
（可能是現生蟑螂的祖先）

鱗木
學名：*Lepidodendron*
分類：石松門 水韭綱 鱗木目
高度：約20～30公尺
如其名所示，樹幹上有許多鱗片般的印記。

巨脈蜻蜓
（翼展達60公分以上的大型昆蟲）

輝木
學名：*Psaronius*
分類：蕨類植物門 真蕨綱 合囊蕨目
高度：約10公尺
莖可長到像樹幹一樣粗，也稱做「木本蕨類」。

一般認為蕨類植物於志留紀出現。雖然裸子植物在泥盆紀時便已出現，卻是在中生代侏儸紀時才繁榮起來。

「爬蟲類」登場以及將空中納入生活圈的「昆蟲」

炭紀時，脊椎動物的演化朝下一階段邁進，發展出了一生能在陸地上生活的「爬蟲類」。

已知最古老的爬蟲類是「林蜥」，也是最古老的「羊膜類」（Amniota）。羊膜類動物可以產下有殼與羊膜的卵，直到卵順利孵化以前，卵中可供應胚胎成長所需的一切水分與養分。自此，脊椎動物終於可以「完全脫離」水中生活，往大陸內部拓展生活圈。

除了林蜥等小型爬蟲類之外，「昆蟲」也以隨處皆可藏身的大森林為舞台，大肆繁榮起來。昆蟲是目前地球上種類最多的生物群，已知物種就超過100萬種，占了所有物種的近7成。

石炭紀時，昆蟲綱中有3分之1的目（包含現生的目與滅絕的目）已經現蹤，包括了蜉蟲、蜉蝣、蟑螂等有翅昆蟲。也就是說，昆蟲是生命史上最早飛上天空的生物。

林蜥
學名：*Hylonomus*
分類：爬蟲綱 大鼻龍目 原古蜥科
插圖的舞台為加拿大新斯科細亞省。全長約30公分，有四隻腳，下頜長有許多銳利的牙齒。

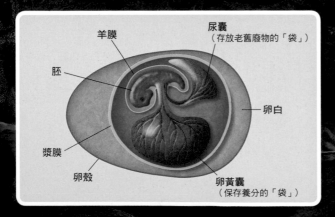

羊膜
尿囊
（存放老舊廢物的「袋」）
胚
卵白
漿膜
卵殼
卵黃囊
（保存養分的「袋」）

（←）羊膜類的卵

四足動物中，除了兩生類以外（爬蟲類、單弓類等）皆屬於羊膜類。羊膜類的卵外側有卵殼包覆，卵內有羊膜包裹著胚。

古網翅蟲

學名：*Palaeodictyoptera*

分類：昆蟲綱 古網翅目

已滅絕的昆蟲之一。多數昆蟲的翅膀為兩對四片，古網翅蟲卻為三對六片。除了小型爬蟲類之外，當時的昆蟲幾乎沒有天敵，猶如身處「樂園」般爆發性地擴張並成功多樣化。

隨著多樣化
獲得「完全變態」

已知最古老的昆蟲化石是泥盆紀早期（約4億年前）的「石蛃」與「衣魚」。它們是全長1公分左右的原始昆蟲，沒有演化出翅膀，今日仍然可以看到其近親。

石蛃化石乍看之下與現生種的樣子沒有太大差異。由此可知，石蛃的祖先早在很古老的時代就已經存在，可能在植物登陸不久的志留紀便在陸地上生活了（與脊椎動物相比，昆蟲較難以留下化石。雖然至今尚未發現志留紀的昆蟲化石，但當時很可能已經有昆蟲在陸地上現蹤）。

獲得完全變態的昆蟲

進入石炭紀的下個時代二疊紀之後，昆蟲演化出了「完全變態」的機制。就像甲蟲（如獨角仙）在幼蟲與成蟲時期的樣貌截然不同，完全變態的昆蟲在幼蟲期結束後會進入「蛹期」，在蛹中重新建構身體，轉變成擁有翅膀的成蟲。這是昆蟲的獨特成長系統，目前世界上的昆蟲約有9成屬於完全變態的類型。

為什麼完全變態的昆蟲能獲得如此巨大的成功呢？「分工」是其中一個原因。幼蟲期的生存目的是讓身體大幅成長，成蟲期的生存目的則是繁殖以留下子孫。對於完全變態的昆蟲而言，幼蟲

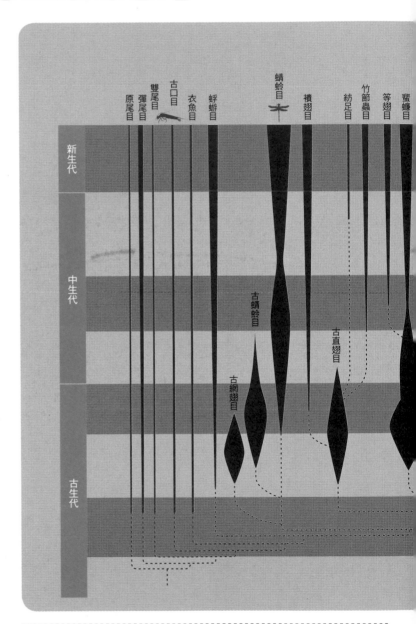

與成蟲所肩負的任務並不相同。因為幼蟲與成蟲吃不同的食物，所以彼此之間比較不會產生世代間的競爭。而且這麼一來，個體就不必一生都依賴單一食物。也就是說，只要短暫期間內仍能確

現生石蛃（標本）
體長約1公分，若拉直觸角與尾巴
可達5公分左右。衣魚與石蛃都沒
有翅膀，卻有長長的觸角與尾巴。

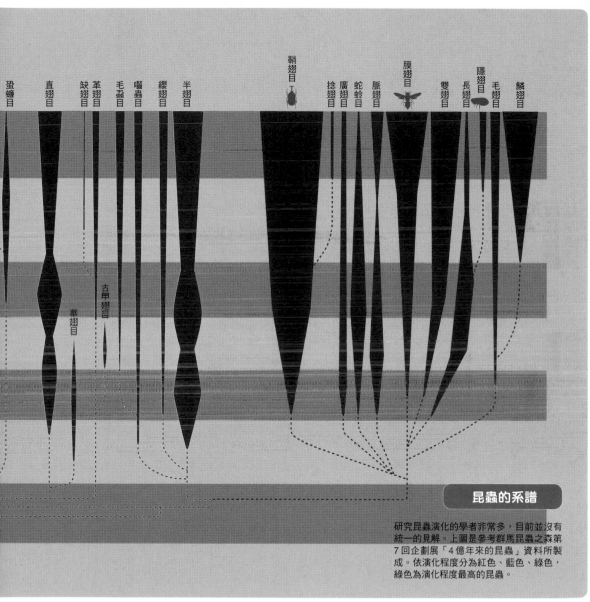

蛩蠊目　直翅目　缺翅目　革翅目　毛蝨目　嚙蟲目　纓翅目　半翅目　鞘翅目　捻翅目　廣翅目　蛇蛉目　脈翅目　膜翅目　雙翅目　長翅目　隱翅目　毛翅目　鱗翅目

華翅目　　古甲翅目

昆蟲的系譜

研究昆蟲演化的學者非常多，目前並沒有
統一的見解。上圖是參考群馬昆蟲之森第
7回企劃展「4億年來的昆蟲」資料所製
成。依演化程度分為紅色、藍色、綠色，
綠色為演化程度最高的昆蟲。

保其中幾種食物（儘管由於環境
變動等因素使絕對食物量有所減
少），該昆蟲就不會滅絕。

　這可能有助於昆蟲加速擴展生
活區域，進一步促使多樣化（物
種分化）。

得以直接確認生物外貌的「馬遜溪生物群」

著名的「馬遜溪生物群」(Mazon Creek Lagerstätte)是石炭紀的代表生物群之一。這個生物群包括海水、淡水、半鹹水的生物，至今已發現了250種以上的動物化石、350種以上的植物化石。

馬遜溪生物群的最大特徵在於生物的保存狀態非常好。一般來說，只有骨骼或外骨骼等堅硬組織能以化石形式保留下來，但是馬遜溪生物群的化石不只保留了堅硬組織，連水母的觸手等較軟部位的形態都很完整。這是因為死亡的生物被菱鐵礦（$FeCO_3$）包裹並形成團塊（nodule），微生物等無法分解屍體組織。

插圖所示為半鹹水區的馬遜溪生物群。咬著現生蝦類近親「貝洛特爾森蝦」（*Belotelson*）的「塔利怪物」是分類不明的軟體性動物。名稱源自於發現者塔利，以及頭部前端有細長嘴巴、身體側面有外凸眼睛的奇怪樣貌。

馬遜溪生物群

於美國伊利諾州北部的馬遜溪（現在的芝加哥近郊）挖掘出來的生物化石群，這一帶在當時地處熱帶。化石群中包含了身為腔棘魚近親的魚類化石，以及從上游沖下來的植物片段所形成的化石等。

（↑）棒魚
學名：*Rhabdoderma*
魚類。腔棘魚的近親。

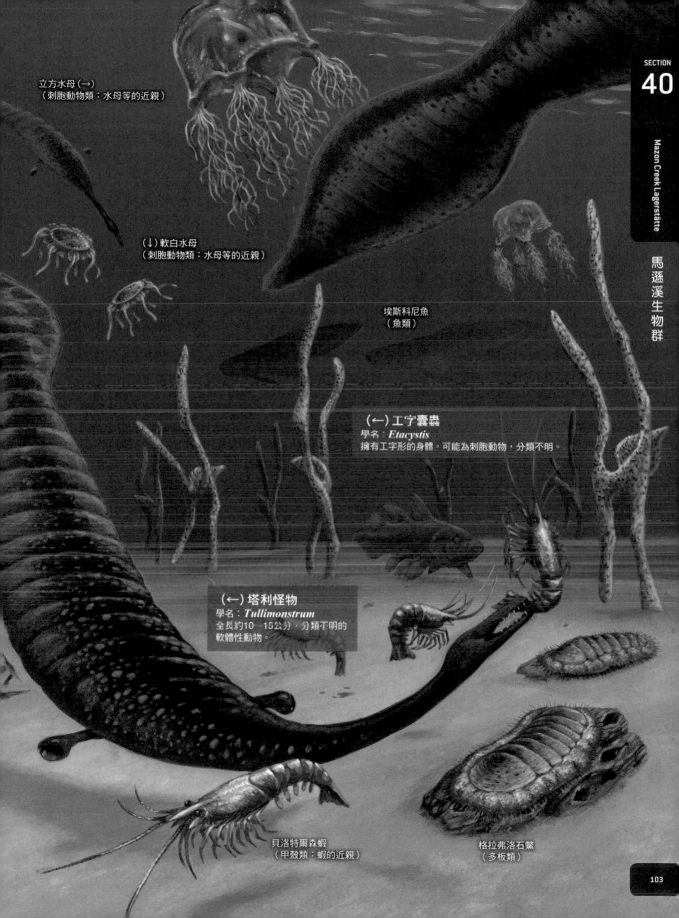

立方水母（→）
（刺胞動物類：水母等的近親）

（↓）軟白水母
（刺胞動物類：水母等的近親）

埃斯科尼魚
（魚類）

（←）工字囊蟲
學名：*Etacystis*
擁有工字形的身體。可能為刺胞動物，分類不明。

（←）塔利怪物
學名：*Tullimonstrum*
全長約10～15公分，分類不明的
軟體性動物。

貝洛特爾森蝦
（甲殼類：蝦的近親）

格拉弗洛石鱉
（多板類）

古生代末的盤古大陸上最為繁盛的「單弓類」

—— 疊紀（約2億9900萬～2億5100萬年前）
—— 是古生代的最後一個年代。當時地球上所有大陸合而為一，形成了盤古大陸（Pangaea）。現在的南非共和國卡魯盆地就位於當年盤古大陸的內陸區域，這裡挖掘出了許多該年代的代表性化石群。

當時最繁榮的動物莫過於哺乳類的祖先「單弓類」（Synapsida，又稱獸弓類（Therapsida））右圖中在岩石上伺機而動的是名為「魯比奇獸」的肉食動物，全長3公尺左右。另一方面，正在喝水的「二齒獸」是一種植食性的單弓類。單弓類會用很大的前齒（犬齒）翻掘植物的根部等並以此為食。

位於後方的「楊氏蜥」（Youngina）屬於「雙弓類」（Diapsid）動物。雙弓類包含了恐龍、現生鳥類以及大部分的爬蟲類。「弓」指的是頭骨顳部（太陽穴附近）名為「顳顬孔」（Infratemporal fenestra）的孔洞。「單弓」動物左右各有一個顳顬孔，「雙弓」動物左右各有兩個。二疊紀時單弓類相當繁盛，雙弓類只能在夾縫中求生存。

二齒獸（→）
學名：*Dicynodon*
分類：單弓綱 獸弓目 異齒亞目 二齒獸下目 二齒獸科

獸頜獸（→）
學名：*Theriognathus*
分類：單弓綱 獸弓目 獸頭亞目 威氏獸科

原犬鱷龍
（單弓綱 獸弓目 犬齒獸亞目 原犬鱷龍科）

楊氏蜥
（爬蟲綱 雙弓亞綱 楊氏蜥形目 楊氏蜥科）

魯比奇獸（↗）
學名：*Rubigea*
分類：單弓綱 獸弓目 麗齒獸亞目 麗齒獸科

擁有恐龍外形的早期單弓類動物

「**盤**龍類」（Pelycosauria）曾繁榮於盤古大陸的赤道附近，是早期的單弓類成員。雖然名字裡有個「龍」字，卻與恐龍無關。

在北美及德國等地發現的「異齒龍」是盤龍類的代表性肉食動物，擁有大小兩種牙齒，且下巴的關節可前後移動，這樣的結構有助於在咬住獵物後靈活應對。

背部長有「帆」是異齒龍的一大特徵，此為由多個脊椎骨的向上凸起所構成的「骨架」，外面覆著一層厚厚的皮膚。1973年，英國的物理學家布拉姆韋爾（Cherrie Bramwell，1945～）博士與費爾蓋特（Peter Fellgett，1922～2008）博士針對巨大異齒龍的帆進行研究，認為其功用極可能是用來調節體溫。

脊椎的凸起部分有細溝，且有血管通過。當帆暴露在陽光下時，可加熱流經帆內血管的血液。在沒有帆的情況下，若要讓體溫從26℃上升到32℃需時205分；不過有帆的話，就可以縮短到80分。

＊關於帆的功能尚未完全查明。

巨大異齒龍
學名：*Dimetrodon grandis*
分類：單弓綱 盤龍目 楔齒龍科

異齒龍

至今已發現超過10種異齒龍，由美國的古生物學家卡瑟（Ermine Case，1871～1953）等人進行相關研究。異齒龍的體型會因為種類而有很大的差異，譬如早期出現的最小型種群「米勒利異齒龍」（*Dimetrodon milleri*）全長僅170公分，估計體重只有50公斤；後來出現的巨大異齒龍全長可達320公分，估計體重達250公斤。

異齒龍的化石

＊照片：日本群馬縣立自然史博物館

將生命史一分為二的古生代末大滅絕事件

在盤古大陸形成的年代，地球上只有一個海洋，稱為「泛古洋」（Panthalassa）。

1980年代，學者整理了過去200年間發現的大量化石資料，結果發現在一段約2000萬年的期間內，完全沒有任何生物化石的紀錄。由此可知，在二疊紀中期到中生代三疊紀早期，泛古洋可能發生過一場大滅絕事件。

生命史上曾有過5次大滅絕事件[※]。其中最廣為人知的，應該是發生在6550萬年前（中生代白堊紀末）的恐龍滅絕事件。不過，古生代末的大滅絕事件比恐龍滅絕的規模更大。這次事件稱為「二疊紀-三疊紀滅絕事件」（Permian-Triassic extinction event），亦可簡稱為「P-Tr滅絕事件」（或P／T）。

※：5億4200萬年前的的滅絕事件除外。

鸚鵡螺

直角貝

三葉蟲

專欄 COLUMN 黑色泥岩

一個名為「黑色泥岩」的地層是二疊紀-三疊紀滅絕事件的痕跡。這裡的黑色是有機化合物的顏色，也就是生物屍骸的顏色。一般而言，沉積在海底的有機化合物會被細菌等分解，不會形成黑色地層。然而在沒有氧氣的海中，細菌無法生存，於是有機化合物便保持未被分解的狀態沉積在海底。透過黑色泥岩的厚度，即可判斷造成大滅絕的「超級缺氧事件」（參見第111頁）可能持續了2000萬年。

約2億5000萬年前的泛古洋（↓）

寒武紀大爆發以來，經過3億年的演化與多樣化所形成的古生代動物，多在這次事件中滅絕。每個學者估算出來的滅絕物種比例都不太一樣，不過一般認為有9成以上海洋物種、7成以上陸地物種在這次事件中滅絕。尤其三葉蟲在這次事件中消失無蹤，在此之後的地層中完全沒有發現相關化石。

泛古洋
泛古洋意為「覆蓋全球的海洋」。

盤古大陸

大滅絕的發生分成兩個階段

過去認為二疊紀-三疊紀滅絕事件是「單一事件」，但經過詳細調查後發現，該滅絕可能是由兩次時間相近的滅絕事件組合而成。發生在約2億6000萬年前的第一次滅絕，使得固著性動物（海百合等）與住在低緯度地區的動物受到很大的傷害。而約2億5000萬年前的第二次滅絕，則有更多動物消失。

引發大量滅絕的原因中，以「超級缺氧事件」（Superanoxia，海中極端缺乏氧氣的現

過去6億年間發生的
大滅絕

5億4200萬年前
（前寒武紀與古生代的交界）

4億4400萬年前
（奧陶紀末）

3億7400萬年前
（泥盆紀晚期）

埃迪卡拉
生物群出現

寒武紀
大爆發

節肢動物繁榮

植物登陸

動物登陸

大森林形成

二疊紀－三疊紀滅絕事件②

象）最受矚目。當時地球的火山活動相當活躍，造成大量濃煙及火山灰等物質進入大氣，遮蔽了照射至地表的陽光，導致植物的光合作用能力降低，造成全球性缺氧。

　　關於二疊紀-三疊紀滅絕事件的發生原因眾說紛紜，目前尚未有定論，不過多數學者皆同意這次的滅絕與隕石撞擊無關，是地球內部原因所致。

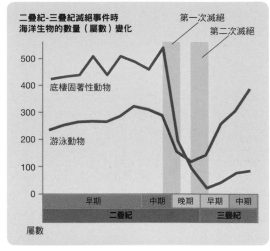

二疊紀-三疊紀滅絕事件時
海洋生物的數量（屬數）變化

第一次滅絕
第二次滅絕

底棲固著性動物

游泳動物

500
400
300
200
100
0

| 早期 | | 中期 | 晚期 | 早期 | 中期 |
| | | 二疊紀 | | | 三疊紀 |

屬數

（↑）已知第一次滅絕時，固著性動物減少的幅度比游泳動物還要大。這可能是因為當環境劇烈變化時，固著性動物無法遷移到其他地方所致（寒冷化時，「住在高緯度寒冷地區的動物」可以往低緯度遷移，「住在低緯度溫暖地區的動物」卻容易滅絕，基本上是相同道理）。

＊參考「Isozaki（2009）」與「Knoll et al.（1996）」製成。

K/Pg
6550萬年前
（白堊紀末：
中生代與新生代的交界）

2億年前
（三疊紀末）

P/T
2億5200萬年前
（二疊紀末：
古生代與中生代的交界）

鳥類出現

哺乳類繁榮

左圖為美國古生物學家塞科斯基（Jack Sepkoski，1948～1999）博士發表的生物物種增減趨勢圖。左端虛線與實線的交界處為寒武紀的開始，越往右則時代越晚。自埃迪卡拉生物群的時代以後，共出現6次大滅絕事件。撇除資訊較少的第一次大滅絕事件不談，另外五次大滅絕事件統稱為「Big Five」。

4

恐龍的時代
（中生代）

Age of dinosaurs (Mesozoic era)

世界最初發現恐龍的那一天

1820年代的某一天，英國的自行開業醫師曼特爾（Gideon Mantell，1790～1852）在倫敦郊外發現了一個牙齒化石。曼特爾覺得這和現生鬣蜥的牙齒很像，於是便將牙齒的「主人」命名為「禽龍」（*Iguanodon*，字義就是鬣蜥的牙齒），並於1825年發表了該化石，稱其為已滅絕的植食性大型爬蟲類（後來的恐龍）。這是恐龍研究史上最早期發生的事。

一般認為禽龍是「最早被發現的恐龍」，但早在曼特爾發表該化石的1年前，英國地質學家布克蘭（William Buckland，1784～1856）就已經發表了「斑龍」（*Megalosaurus*），並被世人認定確實為滅絕的大型爬蟲類化石。所以在學術上，曼特爾是第二個發現恐龍的人，不過其功績至今仍廣為流傳。

＊「斑龍」為肉食恐龍（獸腳類），不過詳細的生活型態仍不明。

禽龍
學名：*Iguanodon*
分類：鳥臀目 鳥腳亞目 禽龍類
時代：白堊紀早期
估計全長約7～9公尺。應為二足步行，偶爾會以四足步行移動。屬於植食性動物，擁有發達的喙與下巴，可以用牙齒有效率地嚼碎、磨碎植物。

前腳第一趾（大拇趾）為禽龍的一大特徵，
呈尖銳圓錐狀，而且比其他腳趾粗。

三疊紀早期 繁盛的「獸弓類」

「恐龍的時代」一般指的是「中生代」（Mesozoic），年代由古至近可依序分為「三疊紀」（Triassic）、「侏儸紀」（Jurassic）、「白堊紀」（Cretaceous）。三疊紀約為2億5100萬年前～2億年前，其名稱源自於在德國發現的該時代地層有三層結構。

在三疊紀早期，二疊紀-三疊紀滅絕事件後殘存下來的單弓類（二齒獸類等）仍保有一定勢力。三疊紀的代表性二齒獸為「水龍」，是一種全長1公尺左右的植食性動物。身材短胖的水龍走遍盤古大陸的各個角落，學者在同一塊地方挖到36個水龍化石，可視為水龍繁盛一時的證據。

插圖後方的「肯氏獸」是同為植食性的單弓類動物。水龍與肯氏獸的分布區域有所重疊，不過一般認為前者棲息在水邊，後者棲息在乾燥地區。

可作為盤古大陸 存在證據的水龍（↗）

從體型可以推論水龍應不善游泳，但包括南極、亞洲在內的世界各地都有發現其化石，故韋格納（Alfred Wegener，1880～1930）將此視為「大陸漂移說」的證據之一，認為世界上所有大陸曾經聚集在一起。

肯氏獸
學名：*Kannemeyeria*
分類：單弓綱 獸弓目 異齒亞目 二齒獸下目 肯氏獸科
全長：約3公尺

水龍
學名：*Lystrosaurus*
分類：單弓綱 獸弓目 異齒亞目 二齒獸下目 水龍科
全長：約1公尺

盤古大陸

歐美植物群的分布範圍
（褐色虛線以上的區域）

岡瓦納植物群的分布範圍
（綠色虛線以下的區域）

植物可透過散布孢子或種子來擴大其生存範圍。現代的南美、非洲、印度、澳洲、南極等地，皆有發現以裸子植物為核心的植物群（岡瓦納植物群）。同樣地，北美、歐洲、非洲也有發現共通的植物群（歐美植物群）化石。韋格納認為這些植物化石的分布也是盤古大陸存在的證據。

單弓類的衰退與
「鑲嵌踝類」的崛起

進入三疊紀中期，單弓類便開始衰退。相對地，名為「主龍類」（Archosauria，又稱為祖龍類、初龍類）的爬蟲類族群便開始崛起。

主龍類有兩大分支系統，一個是現生鱷類的祖先「鑲嵌踝類」（Crurotarsi），另一個則是「恐龍」。在阿根廷的調查結果顯示，鑲嵌踝類比恐龍還要早大型化，可能是更早君臨生態系頂點的霸主。

譬如「蜥鱷」全長約5公尺左右，體型是當時多數恐龍的2倍以上。且蜥鱷演化出了有利於肉食的強韌下巴及牙齒，頭骨也和之後出現的暴龍等大型肉食恐龍相當相似。由這些特徵可知，當時的蜥鱷很可能君臨生態系的頂點。

另外，在鑲嵌踝類動物中，亦存在某些身形纖細、全長僅1～3公尺左右的物種，也有以植物為食的物種。

專欄 COLUMN ▷ 摩根齒獸

「摩根齒獸」（*Morganucodon*）是三疊紀晚期出現的最早期哺乳類，體型與老鼠差不多大並以昆蟲為主食，應為夜行性。

後來出現的大部分哺乳類動物，下巴僅由名為「齒骨」（dentary）的單一骨頭構成。不過摩根齒獸除了齒骨之外，還擁有下巴關節（關節骨）與其他骨頭。這些特徵與爬蟲類類似，所以也有學者將其歸類為「哺乳形類」而非哺乳類。

異平齒龍

種子蕨類（裸子植物）
泥盆紀時出現的植物。葉子與蕨類相似，不過特徵是以種子繁殖而非孢子。三疊紀時達到鼎盛，於白堊紀末滅絕。

伊斯基瓜拉斯托獸（↑）
學名：*Ischigualastia*
分類：單弓綱 獸弓目 異齒亞目 二齒獸下目 史達勒克獸科
時代：三疊紀晚期

蜥鱷（↑）
學名：*Saurosuchus*
分類：爬蟲綱 雙弓亞綱 主龍形下綱 槽齒目 迅猛鱷科
時代：三疊紀晚期

艾雷拉龍（→）
學名：*Herrerasaurus*
分類：爬蟲綱 雙弓亞綱 主龍形下綱 蜥臀目 獸腳亞目 艾雷拉龍科
時代：三疊紀晚期

巨大化的恐龍成為 地球史上最大的動物

在 三疊紀末的滅絕事件（參見第111頁圖）之後，進入中生代的第二個時代「侏儸紀」（約2億～1億4600萬年前）。過去存在於各種生態系的鑲嵌踝類動物陸續消失，由大幅演化的恐龍取而代之，占據了這個時代的生態系頂點。

三疊紀晚期
（恐龍登場）

始盜龍
在阿根廷發現的最古老恐龍之一。
全長約1公尺，為二足步行。

恐龍可依照骨盆結構分成「蜥臀類」（Saurischia）與「鳥臀類」（Ornithischia）兩大類。蜥臀類包括了「蜥腳類」（Sauropodomorpha）與「獸腳類」（Theropoda）；鳥臀類包括了「裝甲類」（Thyreophora）、「鳥腳類」（Ornithopoda）、「頭飾龍類」（Marginocephalia）等。

侏儸紀中最引人注目的恐龍是植食性恐龍蜥腳類。以北美為首的世界各地都有發現相

關化石，估計全長超過20公尺。

剛出生時只有幼犬那麼大的恐龍，一天要吃多少食物才能長得那麼巨大呢？以體重42～48噸的「梁龍」為例，假設和哺乳類一樣同屬於「恆溫動物」（體溫常保一定，不太受外界氣溫影響）的話，一天得吃下約480公斤的植物才行。這相當於現代非洲象食量的4倍左右（假設體重12噸）。

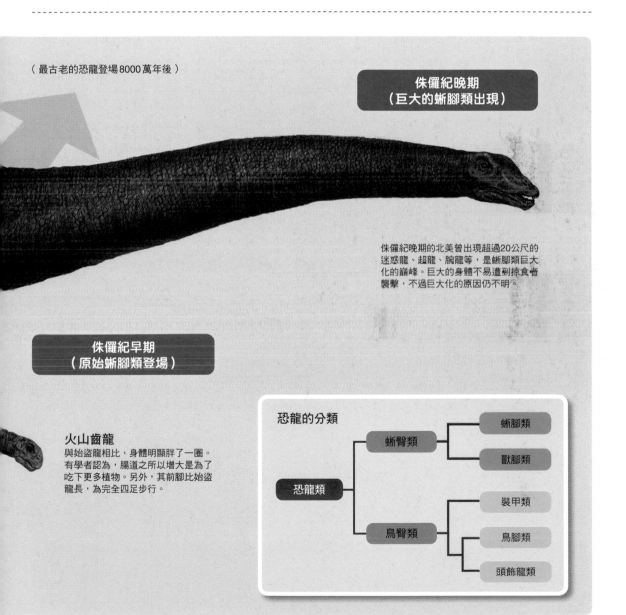

（最古老的恐龍登場8000萬年後）

侏儸紀晚期
（巨大的蜥腳類出現）

侏儸紀晚期的北美曾出現超過20公尺的迷惑龍、超龍、腕龍等，是蜥腳類巨大化的巔峰。巨大的身體不易遭到掠食者襲擊，不過巨大化的原因仍不明。

侏儸紀早期
（原始蜥腳類登場）

火山齒龍
與始盜龍相比，身體明顯胖了一圈。有學者認為，腸道之所以增大是為了吃下更多植物。另外，其前腳比始盜龍長，為完全四足步行。

恐龍的分類

恐龍類 ─┬─ 蜥臀類 ─┬─ 蜥腳類
        │   └─ 獸腳類
        └─ 鳥臀類 ─┬─ 裝甲類
                    ├─ 鳥腳類
                    └─ 頭飾龍類

蜥腳類擁有各種不同的樣貌

右圖是名為「梁龍」的蜥腳類。全長約34公尺，復原後的樣子曾被認為是世界上最大的恐龍。順帶一提，目前認為世界最大的恐龍是白堊紀晚期的「阿根廷龍」（*Argentinosaurus*），估計全長約36公尺、體重100噸。雖然只找到部分身體部位的化石，不過其中就有長達約1.6公尺的脊椎骨，可見其存活時體型應該相當驚人。

梁龍若善用長長的脖子，可以在最小幅度的移動下取得食物。下巴長有許多又細又直的鉛筆狀牙齒，可能具有篩去樹枝、只刮下樹葉吃掉的功能。

另一方面，下圖中的「短頸潘龍」估計全長約10公尺，是最小型的蜥腳類之一。短頸潘龍的頸部比身體短，故可推斷它們或許適應了在茂密叢林中以矮小植物為食的生活，而與大型蜥腳類在演化上分道揚鑣。

短頸潘龍
學名：*Brachytrachelopan*
分類：蜥臀目 蜥腳亞目 蜥腳下目 梁龍總科 叉龍科
時代：侏儸紀晚期
學名中的「Brachytrachelo」在希臘文中有「短脖子」之意，「pan」在阿根廷文中意指「牧羊神」。因為是牧羊人偶然之下發現了這個恐龍化石，才會取這個名字。

梁龍
學名：*Diplodocus*
分類：蜥臀目 蜥腳亞目 蜥腳下目 梁龍科
時代：侏儸紀晚期
過去稱為「地震龍」（*Seismosaurus*），不過後續的
研究證實與梁龍為同一物種，而棄用了該名稱。

以肉食性恐龍著稱
二足步行的「獸腳類」

相較於四足步行的植食性動物蜥腳類，「獸腳類」屬於二足步行的肉食性動物。

「異特龍」（食肉龍類：Carnosauria）以身為侏儸紀中最強的肉食性獸腳類而聞名。其食性應為獵食或食腐的說法比較有力。

某個異特龍的腰部化石上有個洞，似乎是被「劍龍」尾部棘刺捅傷所留下的痕跡。這個洞可能是異特龍在捕食劍龍時，被劍龍反擊所致。另外，在植食性恐龍（蜥腳類）「迷惑龍」（*Apatosaurus*）的化石上，也有發現其死後被異特龍分食的痕跡。

「較長的前腳」是異特龍的特徵，但一般認為這對前腳無法往前伸直。比起用來抓捕獵物，更可能是在以強壯的下顎咬住獵物之後，發揮從上方壓制獵物的功能。

泥潭龍
學名：*Limusaurus*
分類：蜥臀目 獸腳亞目 角鼻龍類
時代：侏儸紀晚期
雖為獸腳類但沒有牙齒，所以認為是以植物為食。另外，前腳腳趾的特徵（趾數等）與現生鳥類極度相似，故可作為鳥類源自恐龍的證據之一。

＊獸腳類持續演化、分支，現在的「鳥類」即為其中一支。

前腳比「暴龍」長一倍以上。

比較至今發現的化石,可知每隻異特龍兩眼上方的「瘤」大
小不一。也就是說,即使同屬於「脆弱異特龍」(*Allosaurus
fragilis*)這個物種,每個個體的相貌也不盡相同。

異特龍
學名:*Allosaurus*
分類:蜥臀目 獸腳亞目 異特龍科
時代:侏儸紀晚期
估計全長為9～14公尺。咬合力最大或許可達900公斤左右。有時會在
同一個地層內發現許多異特龍化石,代表異特龍有可能是群居動物。

背部有板狀裝飾或護盾的「裝甲類」

「**劍**龍」生存於侏儸紀晚期，背部有許多劍板（皮骨板），是「裝甲類」（劍龍類）的代表性恐龍。插圖所示為著名的劍龍化石產地 —— 位於美國懷俄明州附近的氾濫平原。

在與劍龍有關的研究中，最常被拿出來討論的是劍板的功能。過去有人提出劍板是防禦用武裝，也有人認為是吸熱、散熱用的結構，近年來則有人認為劍板是一種鱗甲，個體間可透過劍板的形狀來識別彼此。

以植食性恐龍的標準而言，劍龍的牙齒不夠發達，不管是要嚼碎還是磨碎，效率都不夠高。即使如此，劍龍仍與其他植食性恐龍繁榮一時，故有學者認為或許它們具有獨特的消化方式。

由名為皮骨的骨頭構成的劍板，外表覆有一層皮膚（也有人認為是角質）。皮骨之間並不相連（也不會卡到脊椎骨）。從化石可以看出皮骨上有血管的痕跡。皮骨化石最大可達1公尺高，強度卻不足以當作盾來使用。

劍龍
學名：*Stegosaurus*
分類：鳥臀目 裝甲亞目 劍龍科
時代：侏儸紀晚期
劍龍至少包含了14個屬，是一個相當大的種群。其中又以北美的劍龍屬體型最大，全長甚至可達9公尺。

許多骨片集中分布在喉部，可能
是為了保護脆弱的部位。

有如身穿防彈背心的「甲龍類」

裝 甲類中的「甲龍類」（Ankylosauria）為植食性恐龍，頭部、背部及尾部都有皮骨包覆。一般認為甲龍類的防禦力比劍龍類還要高。現生的犰狳、鱷魚、烏龜等也都擁有皮骨，而甲龍類在遇到天敵攻擊時也會壓低身體來保護自己。另外，甲龍的腳與脖子都比較短，可能是為了方便吃接近地面的植物。

「怪嘴龍」（結節龍類：Nodosauridae）是生存於侏儸紀晚期的甲龍。怪嘴龍的尾巴末端沒有瘤，整條尾巴呈流線型彎曲。相較於此，於北美大陸白堊紀地層中發現的「甲龍」，尾巴末端長有由骨頭構成的瘤，可能用於反擊掠食者或同種個體之間的爭鬥（一般認為尾巴應可左右擺動）。

另外，已知甲龍的背側裝甲骨骼是由三維的纖維組織構成，結構相當複雜。這種結構與現代防彈背心十分相似，質輕、堅固又富有彈力。

怪嘴龍
學名：*Gargoyleosaurus*
分類：鳥臀目 裝甲亞目 甲龍下目 結節龍科
全長約3公尺。若僅考慮可由化石完整復原面貌的物種，則怪嘴龍是最古老的甲龍類之一。覆蓋背部的皮骨一個比一個大。

甲龍
學名：*Ankylosaurus*
分類：鳥臀目 裝甲亞目 甲龍下目 甲龍科
時代：白堊紀早期
全長約6公尺，肩高（地面至肩膀的高度）約1.7公尺，
推測其體態相對扁平。體重3噸左右，是同時代恐龍中
較重的物種。

甲龍類化石多發現於內陸地層。另一
方面，結節龍類化石一般發現於過去
是沿岸的地區。除了加拿大與美國之
外，日本北海道夕張市也有發現結節
龍類的化石。

愛德蒙頓龍
學名：*Edmontonia*
分類：鳥臀目 裝甲亞目 甲龍下目 結節龍科
時代：白堊紀晚期
估計全長約7公尺。阿拉斯加有化石出土，是甲龍類中
棲息範圍較廣、分布遍及最北的物種之一。

最強的掠食者
「暴龍」

中生代的最後一個年代「白堊紀」（約1億4600萬～6550萬年前）是恐龍演化最多樣化且繁盛的時期。「白堊」指的是這個年代所形成的石灰質地層的顏色。當時氣候非常溫暖，以裸子植物和蕨類植物為主的森林廣布於世界各地。

「暴龍」是白堊紀的代表性肉食恐龍（獸腳類）。暴龍有著巨大又堅固的頭骨，下顎強壯有力，咬合力（一顆後方牙齒可施加的力）估計最大可達6噸。順帶一提，人類的咬合力最大約100公斤。

有研究團隊使用拍攝人體內部的「電腦斷層掃描」分析恐龍頭骨，藉此推測其腦部結構。觀察暴龍腦的形狀，發現就體型比例而言，暴龍的嗅球（掌管嗅覺的部位）相當大。以現生動物而言，腦內嗅球越發達的動物鼻子就越靈敏，故可推論暴龍也擁有靈敏的嗅覺。

暴龍的頭骨
暴龍的眼睛位於臉部前方，與現生肉食動物類似。雖然無法直接證明暴龍的視力很好，不過應具有優秀的空間判斷力，可以正確掌握與獵物之間的距離。

從肌肉的連結方式、關節的活動方式來看，小小前腳的主要功能可能不是用來壓制獵物或抓取東西，而是在起身之際用來支撐身體。

暴龍
學名：*Tyrannosaurus*
分類：蜥臀目 獸腳亞目 暴龍科
時代：白堊紀晚期
估計全長為10～14公尺。1902年時，在美國蒙大拿州的荒野首次發現了暴龍的化石，並在3年後將其命名為「霸王龍」（*Tyrannosaurus rex*）。

＊近年多將暴龍描繪成身體某些部分長有羽毛的模樣。

在進化路途與裝甲類分歧的種群之一「鳥腳類」

「鳥腳類」是鳥臀類中，與裝甲類走上不同演化道路的種群。部分鳥腳類靠二足步行移動，部分則會二足和四足步行交替使用。其中，鴨嘴龍類（Hadrosauridae）演化出了「齒系」（dental battery）以及可進行咀嚼這類複雜動作的高可動性下巴，能夠有效率地嚼碎、磨碎植物。

「副櫛龍」（鴨嘴龍類）生存於白堊紀晚期，頭部後方有著長長的冠。剛發現副櫛龍化石時，還以為這個冠是游泳時用來呼吸的「呼吸管」。直到後來發現保存狀態完好的化石，才確定冠的末端沒有孔洞，否定了這個假說。

就目前而言，冠是副櫛龍用來與同伴溝通的「工具」，此一說法較有說服力。由骨頭構成的冠其內部為中空，有細長空管連接到鼻孔。當副櫛龍驅動空氣（用鼻子呼氣）通過這個管時就會發出聲響，可能是用來警示同伴有敵人來襲等等。

此端向上

齒系
副櫛龍類等動物的牙齒經使用磨損後會脫落，由下方新生成的牙齒依序補上，這就是所謂的「齒系」構造。

副櫛龍
學名：*Parasaurolophus*
分類：鳥臀目 鳥腳亞目 鴨嘴龍科
時代：白堊紀晚期
估計全長約10公尺，冠長約1公尺。包含副櫛龍在內的「鴨嘴龍類」頭部形似現生鴨子，因而得名。

頭部有「裝飾」的「頭飾龍類」

「頭飾龍類」的頭部常有各種「裝飾」。頭飾龍類還能再分成頭頂明顯凸起的「厚頭龍類」（Pachycephalosauria）以及有角或頭盾結構的「角龍類」（Ceratopsia）。

厚頭龍類的「厚頭龍」頭頂並非中空，而是骨頭本身增厚形成。由於這種結構無法化解衝擊，所以厚頭龍應該不是用撞頭的方式戰鬥。

角龍類中最著名的當屬「三角龍」。三角龍顯著的頭盾寬度達1公尺，具備的三根角可以用來牽制肉食恐龍，或是向同伴展現自己的威力等等。

另外，一般而言哺乳類前腳的中趾指向前方，三角龍的前腳卻是拇趾指向前方。姆趾朝前的腳在結構上可以有效率地支撐沉重的上半身，不過相對地，這種配置並不適合採取衝刺等敏捷的行動。

厚頭龍
學名：*Pachycephalosaurus*
分類：鳥臀目 頭飾龍亞目 厚頭龍下目 厚頭龍科
時代：白堊紀晚期
估計全長約8公尺，二足步行。結構堅固的尾巴搭配筆直修長的身形，應可以迅速跑動。

三角龍
學名：*Triceratops*
分類：鳥臀目 頭飾龍亞目 角龍下目 角龍科
時代：白堊紀晚期
估計全長為5～6公尺。成體化石被發現時多為
單一個體，故一般認為三角龍是單獨行動。

吃恐龍的哺乳類

專欄
COLUMN

「爬獸」（*Repenomamus*）全長約1公尺，是體型和
大型犬差不多大的肉食性哺乳類。在中國遼寧省發現
的爬獸化石，腹部有找到「鸚鵡龍」（*Psittacosaurus*，
雖為角龍類但不具角或頭盾）這種恐龍的幼體。這表
示爬獸會捕食鸚鵡龍。看來恐龍的「敵人」不是只有
恐龍而已。

COLUMN

為哺乳類的分化與演化
提供線索的「鴨嘴獸」

棲息在澳洲的「鴨嘴獸」屬於單孔類動物。單孔類是最原始的哺乳類，具有直腸、泌尿器官、生殖器官共用一個出口（泄殖腔孔）的身體構造。幾乎所有爬蟲類與鳥類都有這樣的特徵。

明明是哺乳類
卻會產卵

鴨嘴獸擁有其他哺乳類身上看不到的特徵，「卵生」就是其中之一。鴨嘴獸在水中交配，通常在懷孕後3週左右就會於巢中產下2個卵。卵的長度略小於2公分，產卵後約10天左右就會孵化。

雌性鴨嘴獸沒有「乳房與乳頭」。其乳腺位於皮膚下方，母乳會像汗液一樣直接從乳腺分泌到皮膚上。子代會舔母乳發育成長（授乳期間約3～4個月）。或許有人會擔心，如此少量的母乳是否能讓子代順利成長，但事實上鴨嘴獸母乳的養分極高，子代在出生後100天內其體長就能從約1.5公分急遽成長到21公分左右。

靠喙來覓食

鴨嘴獸在水中游泳時會閉起眼睛與耳朵，卻能找到河底的食物（昆蟲幼蟲或蝦等甲殼類），是因為牠們可以靠喙來覓食。鴨嘴獸正如其名所示，擁有像鴨子一樣的喙。不過不同於由角質構成的鳥喙，鴨嘴獸的喙是從皮膚變形而成且相對柔軟（內部有骨頭）。

喙的表面有無數小孔，孔內分布著高密度的神經。這是鴨嘴獸特有的感覺器官，內含2種神經分別具有感應電及觸覺的功能。特別是感應電的神經，可以感知獵物身體發出的微弱電力

卵巢
兩個卵巢中，右側卵巢未發育完整且沒有功能（為何演化成這樣的原因仍不明）。

尾
在水中游泳時，尾巴就像「穩定翼」般有協助平衡的功能。也可以捲起來，或者夾帶樹葉回巢。

往泄殖腔孔

毒距
雄性成體的後腳腳踝有個長約1.5公分的「毒距」。毒距內部中空，與分泌毒液的毒腺相連。毒腺在繁殖期時會成長到最大，所以一般認為這個毒是正值繁殖期的雄性個體之間，為爭奪雌性所用的武器。不過，野生鴨嘴獸身上有時會看到被毒距所傷後癒合的痕跡，故鴨嘴獸可能已對這種毒免疫。另外，雌性幼體也有毒距，但會隨著成長逐漸消失。

（0.00005 V/cm）。鴨嘴獸可以透過喙上的感覺器官來感知電力與水的晃動，即使不靠視覺或聽覺也能順利覓食。

解開演化之謎的「關鍵物種」

鴨嘴獸的巢穴

鴨嘴獸不會組成群體,多為單獨行動。會在河邊挖洞築巢,洞穴最長可達30公尺(洞穴還會有分支,形狀複雜)。雌性產卵前,會在巢穴深處的專用「房間」堆放草葉等,營造育幼環境。產卵後,會用身體與尾巴包住卵來孵育。

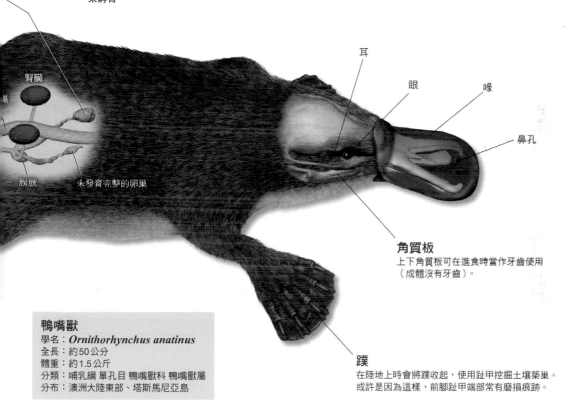

腎臟

膀胱　　未發育完整的卵巢

耳

眼

喙

鼻孔

角質板
上下角質板可在進食時當作牙齒使用
(成體沒有牙齒)。

鴨嘴獸
學名:***Ornithorhynchus anatinus***
全長:約50公分
體重:約1.5公斤
分類:哺乳綱 單孔目 鴨嘴獸科 鴨嘴獸屬
分布:澳洲大陸東部、塔斯馬尼亞島

蹼
在陸地上時會將蹼收起,使用趾甲挖掘土壤築巢。
或許是因為這樣,前腳趾甲端部常有磨損痕跡。

身為哺乳類的鴨嘴獸為什麼會有這樣的特徵呢?學者推測這可能是中生代三疊紀(約2億數千萬年前)時,單弓類(或獸弓類)在演化成哺乳類的過程中,鴨嘴獸的祖先從中分支出去,以「當時的樣貌」生存至今。

鴨嘴獸身上顯然保留了單弓類演化成哺乳類的關鍵,是相當重要的物種。被視為鴨嘴獸祖先的最古老化石於白堊紀地層中發現,往後進一步調查研究有望為世人解開更多謎團。

擁有流線型身體的「魚龍類」

相 對於恐龍繁盛一時而稱霸了地上世界，有一群進軍海洋的爬蟲類也成了海中霸主，包括「魚龍類」（Ichthyosauria）、「蛇頸龍類」（Plesiosauria）、「滄龍類」（Mosasauridae）。

魚龍是生活在三疊紀早期至白堊紀中期的海生爬蟲類。其流線型的身體非常適合在大海當中快速地泳動，譬如全長超過15公尺的「秀尼魚龍」（*Shonisaurus*）。

另外也有全長約3～4公尺，眼睛直徑卻超過20公分的「大眼魚龍」。現生脊椎動物中眼睛最大者為藍鯨（*Balaenoptera musculus*，全長約25公尺），其眼睛直徑約15公分，由此便能看出大眼魚龍的眼睛有多麼巨大。

魚龍與現生蜥蜴等動物類似，在眼睛周圍有名為「鞏膜環」（sclerotic ring）的骨頭。由這種骨頭的分析結果可知，大眼魚龍的眼睛在黑暗中也能看的很遠，夜視能力比現生的貓還要好。

專欄 COLUMN 歌津魚龍

「歌津魚龍」（*Utatsusaurus*）是1970年時於日本宮城縣歌津町（現在的南三陸町）發現的魚龍。全長約2～3公尺，生活在三疊紀早期。歌津魚龍被認為是最古老的魚龍之一，沒有背鰭且身體仍殘留著陸生祖先的痕跡。除此之外，南三陸町還出土了「細浦魚龍」、「管濱魚龍」等魚龍化石。

因為在黑暗中也能視物，所以有學者主張大眼魚龍為夜行性動物。如果是夜行性，就必須在白天時睡眠，而且身為爬蟲類（通常用肺呼吸）得在水面附近睡眠才行，但這樣容易被掠食者盯上。故大眼魚龍可能與現生鯨魚類似，白天時會沉入較深的水域。

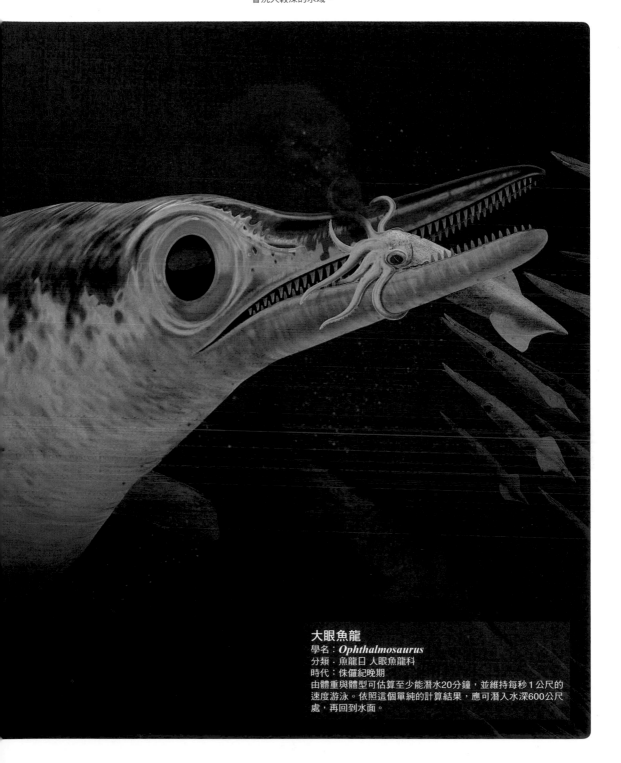

大眼魚龍

學名：*Ophthalmosaurus*

分類：魚龍目 大眼魚龍科

時代：侏儸紀晚期

由體重與體型可估算至少能潛水20分鐘，並維持每秒1公尺的速度游泳。依照這個單純的計算結果，應可潛入水深600公尺處，再回到水面。

魚
龍
類

在日本發現的 「鈴木雙葉龍」

「**蛇**頸龍類」於三疊紀晚期出現，並在之後的約1億4000萬年間繁盛於全世界的海洋。包含南極在內，世界各地的大陸都有發現蛇頸龍類化石。日本從北海道到九州，也都有蛇頸龍化石從各地出土。其中

最有名的當屬1968年時，由當時還是高中生的鈴木直在福島縣磐城市發現的「鈴木雙葉龍」（日本稱為雙葉鈴木龍）吧。在藤子·F·不二雄的動畫電影《哆啦A夢：大雄的恐龍》中，暱稱為「嗶之助」的蛇頸龍就是鈴

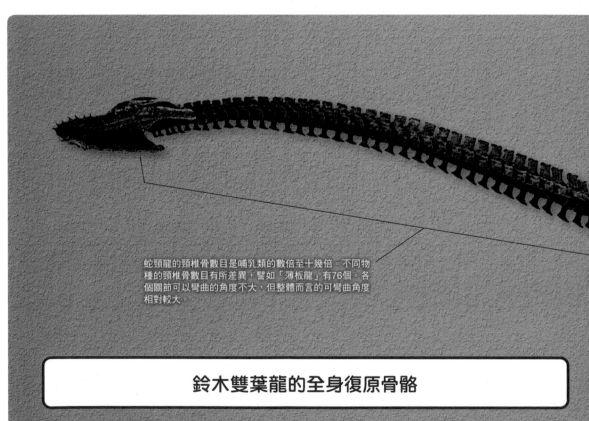

蛇頸龍的頸椎骨數目是哺乳類的數倍至十幾倍。不同物種的頸椎骨數目有所差異，譬如「薄板龍」有76個。各個關節可以彎曲的角度不大，但整體而言的可彎曲角度相對較大。

鈴木雙葉龍的全身復原骨骼

哺乳類前腳（臂）接在背側的肩胛骨上。這讓哺乳類在趴著時，靠前腳施力就能用脊椎把自己的身體「吊起來」，不會壓迫到內臟。不過，蛇頸龍的肩胛骨位於腹側。也就是說，待在陸地上時不管前腳怎麼施力，身體都會被自身重量壓垮。從這點來看，蛇頸龍應不適合在陸地上生活。

　無法登陸的蛇頸龍只能在海中產下子代。因此子代必須在剛誕生時就具備游泳能力，一般認為蛇頸龍和哺乳類一樣是胎生。

＊照片：日本磐城市煤炭化石館HORURU

木雙葉龍。

不管是名稱還是外觀上，都很容易讓人將蛇頸龍與恐龍混為一談。但事實上蛇頸龍與恐龍的親緣關係很遠，不及鱷魚、烏龜等現生爬蟲類與恐龍之間的親緣關係（參見第142頁圖）。不妨把焦點放在後腳根部上：相較於恐龍的後腳是從腰部往正下方延伸，蛇頸龍的鰭狀肢並非往正下方延伸（學術上須符合幾個較詳細的條件）。順帶一提，蛇頸龍最大的特徵是「頸根部到頭部末端的長度比尾巴長度還要長的爬蟲類」。

在蛇頸龍當中，也有存在「頸部短的蛇頸龍」這類與名稱相互矛盾的物種（上龍類：Pliosauroidea）。上龍類的頸部雖然比較短卻有著巨大頭部，所以也符合前述「蛇頸龍的最大特徵」。

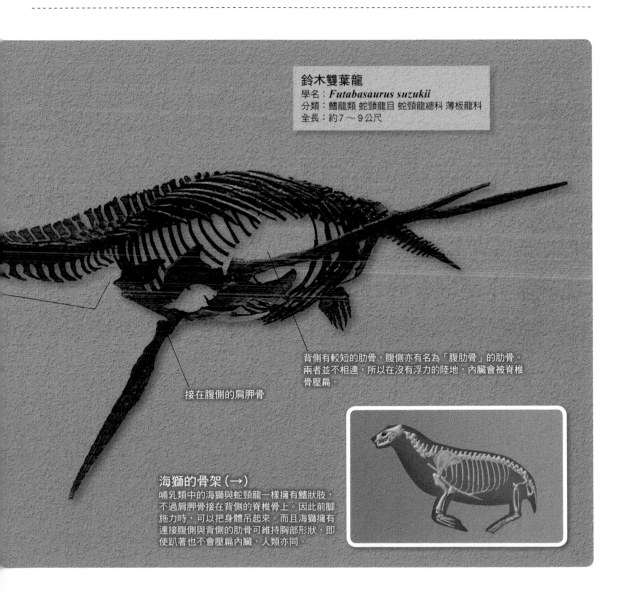

鈴木雙葉龍
學名：*Futabasaurus suzukii*
分類：鰭龍類 蛇頸龍目 蛇頸龍總科 薄板龍科
全長：約7～9公尺

接在腹側的肩胛骨

背側有較短的肋骨，腹側亦有名為「腹肋骨」的肋骨。兩者並不相連，所以在沒有浮力的陸地，內臟會被脊椎骨壓扁。

海獅的骨架（→）
哺乳類中的海獅與蛇頸龍一樣擁有鰭狀肢，不過肩胛骨接在背側的脊椎骨上。因此前腳施力時，可以把身體吊起來。而且海獅擁有連接腹側與背側的肋骨可維持胸部形狀，即使趴著也不會壓扁內臟，人類亦同。

關於蛇頸龍類
還有許多未知的部分

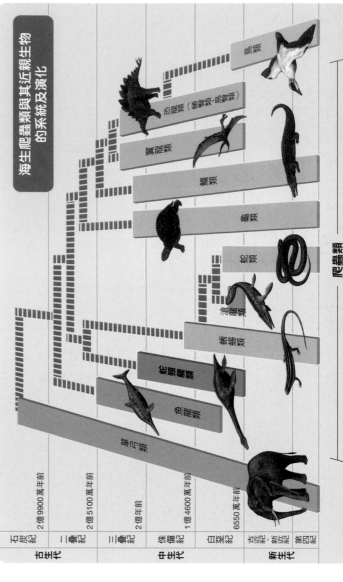

海生爬蟲類與其近親生物的系統及演化

石炭紀	
二疊紀	2億9900萬年前
三疊紀	2億5100萬年前
	2億年前
侏羅紀	1億4600萬年前
白堊紀	
古近紀·新近紀	6550萬年前
第四紀	

古生代／中生代／新生代

單弓類　魚龍類　蛇頸龍類　蜥蜴類　滄龍類　蛇類　龜類　鱷類　翼龍類　恐龍類（蜥臀類、鳥臀類）　鳥類

爬蟲類

在蛇頸龍化石的腹部有發現菊石及雙殼貝等的化石，這應該是蛇頸龍的主食。基本上似是採用直接吞下這些食物的進食方式。因為蛇頸龍的牙齒很細小，不像鯊魚那樣可以把獵物咬斷。另一方面，也在其腹部發現了許多胃石（圓形小石頭）。當常硬殼的生物進入胃內時，這些胃石能夠發揮壓碎的功能。

說到蛇頸龍最神祕的地方，大概是那長長的脖子有什麼功能。對陸地動物而言，長脖子有利於吃到高處的食物，但棲地換地作能在三維空間中移動的大海，實在難以理解脖子變長有什麼優點。

其中一個可能是蛇頸龍不是在海中游泳，而是在海面附近漂湯。若是如此，脖子越長則能攝取海中食物的範圍就越廣。可是，這種覓食方式真的有辦法找到能維持巨大體型的大量食物嗎？再者，以這種沒有防備的姿態在海面漂湯，難道不會有危險嗎？疑點相當多。雖然已經發現了許多蛇頸龍的化石，但它們依舊是充滿未知的神祕生物。

蛇頸龍類的演化系譜

這裡描繪的古生物稱做「鰭龍類」（Sauropterygia），包含了蛇頸龍類。鰭龍類繁盛於三疊紀，不過蛇頸龍類以外的類別都在三疊紀末滅絕。

1.盾齒龍類（Placodontia）
鰭龍類中最早分支出來的種群。有些種類表有外殼，故有學者認為應與龜類親緣接近。全長約1公尺。

2.貴州龍
學名：*Keichousaurus*
全長約20～30公分，擁有很長的脖子。手腳為鰭狀，但不適合陸上生活。

3.幻龍（↓）
學名：*Nothosaurus*
尾巴很長，全長將近3公尺。頭部後方的肌肉附著面積大，應擁有強而有力的下顎。

4.雲貴龍
學名：*Yunguosaurus*
最接近蛇頸龍類的種群。手腳為鰭狀，但骨架較脆弱，划水力道小。全長約4公尺。

5.蛇頸龍類
圖上為全長約12公尺的「滑齒龍」（*Liopleurodon*），下為全長約14公尺的「薄板龍」（*Elasmosaurus*），皆於侏羅紀以後繁榮。

稱霸白堊紀海洋的「滄龍類」

「**滄**龍類」於白堊紀晚期出現，並在短短數百萬年內登上海中生態系的頂點。滄龍類有著蜥蜴般的臉、流線型的身體以及鰭狀肢，善於游泳。至今出土了許多滄龍化石，像是在日本北海道鵡川町穗別發現的「穗別滄龍」（*Mosasaurus hobetsuensis*）、「多面齒滄龍」（*Mosasaurus prismaticus*）、「三笠滄龍」（*Mosasaurus mikasaensis*）、「雅溪磷酸鹽龍」（*Phosphorosaurus ponpetelegans*）等。

滄龍類曾是最大且最強的掠食者。譬如「海王龍」（又稱瘤龍）有兩種牙齒：一種是尖銳的「邊緣齒」可以像牛排刀一樣切開肉，另一種是略鈍的「翼狀骨齒」可以用來壓制獵物。這表示海王龍可以應付各式各樣的獵物。事實上，在滄龍類的化石腹部有找到魚類、頭足類、海龜、海鳥等多種化石。此外，也有在其他個體化石身上找到被啃咬的痕跡，由此即可看出滄龍攻擊的對象十分廣泛。

板踝龍
學名：*Platecarpus*
分類：有鱗目 滄龍科 扁掌龍亞科
全長：略小於 5 公尺

滄龍類大致可以分為六大類：海王龍亞科（右上，Tylosaurinae）、滄龍亞科（Mosasaurinae）、扁掌龍亞科（Plioplatecarpinae）、大洋龍亞科（Halisaurinae）、特提斯龍亞科（Tethysaurinae）以及亞瓜拉龍亞科（Yaguarasaurinae）。

海王龍
學名：*Tylosaurus*
分類：有鱗目 滄龍科 海王龍亞科
全長：數公尺至十幾公尺

長背龍
學名：*Clidastes*
分類：有鱗目 滄龍科 滄龍亞科
全長：約2～6公尺

另一種進入海中的
爬蟲類「龜類」

除了前面介紹的三大海生爬蟲類之外，還有一種爬蟲類也在中生代時進入海中發展 —— 白堊紀時於北美海洋中悠游的「帝龜」。帝龜全長約3.5公尺（龜甲長約2.2公尺）、寬約5公尺（龜甲寬約2公尺）、體重達2噸，堪稱史上最大的烏龜。順帶一提，現生龜類中最大的「革龜」（*Dermochelys coriacea*）全長為2～2.5公尺、體重為300～900公斤。

不過帝龜與現代海龜最大的差異在於其分布區域。現代海龜多廣泛棲息於全球各地海域，但帝龜與的分布範圍非常狹隘，化石只在北美大陸出土。

若依據龜的化石追溯其出現年代，最古可到中國貴州省的三疊紀晚期（約2億2000萬年前）地層中發現的「半甲齒龜」（*Odontochelys semitestacea*）。這種齒龜的最大特徵在於其龜殼。從大約2億1000萬年前的「原頸龜」（*Proganochelys*）到現生的龜，腹側與背側都擁有堅固的龜殼。多數情況下，腹側與背側的龜殼會在身體側面相連，但是半甲齒龜卻只有腹側龜殼。發現者中國科學院李淳博士等人的研究團隊認為：「在三疊紀中期的海中，龜類是先演化出腹側龜甲，後來才演化出背側龜甲。」

革龜

2018年在貴州省2億2800萬年前的地層中，發現一種不具外殼的龜化石「始喙龜」（*Eorhynchochelys*）。

齒龜

學名：***Odontochelys***　分類：龜目 齒龜科

全長約40公分。牙齒銳利，僅腹側擁有完整外殼（背甲不發達）。被認為是相當原始的龜，不過仍有許多未知部分。

帝龜

學名：***Archelon***

分類：龜目 海龜總科 原蓋龜科

時代：白堊紀晚期

頭骨非常堅固，可將力量集中在尖銳的嘴巴末端。考慮到其游泳方式等，帝龜的主食可能是擁有硬殼的菊石。

Nipponites

日本菊石

主要於北海道出土
外形奇特的菊石

「菊石」繁盛於侏儸紀到白堊紀的全球海域,是各種海生爬蟲類的食物。

於古生代志留紀時出現的菊石(桿石類:Bactritida)在進入白堊紀之後,有些演化成了外殼如彈簧般「異常扭曲」的菊石,有些演化成了如菸管般又長又直的菊石。這裡說的「異常」並非指遺傳上的異常,而是與其他多數菊石相比,捲曲方式很不一樣的意思。另外,雖然外殼捲曲的方式會依個體而異,但同種菊石通常具有相似的特徵。

外殼異常扭曲的代表性菊石,譬如主要於北海道出土的「日本菊石」。其外殼乍看之下似是隨機扭曲,但其實是「平面旋轉」、「左螺旋」、「右螺旋」這三種旋轉方式交替出現,有一定的規則。較為有力的說法主張,這是日本菊石在成長過程中為了讓身體各處的浮力達到平衡(讓開口不會朝下),而改變

殼的成長方向所致。

順帶一提,世界各地都有發現異常扭曲的菊石化石,不過沒有一種菊石的旋轉方式像日本菊石那麼複雜。

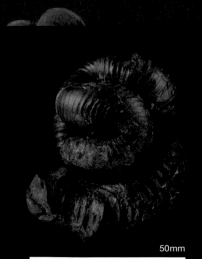

50mm

異常扭曲的菊石「奇異日本菊石」
(*Nipponites mirabilis*)

＊照片:日本三笠市立博物館

日本菊石

學名：*Nipponites*

分類：軟體動物門 頭足綱 菊石目 念珠菊石科

全長：10～13cm

隨著個體的成長，外殼也會跟著往開口拉長。要是開口往上長得太多就會改為往下生長，反之亦然，也就是說這種菊石可以改變殼的成長方向。或許就是因此造就出外殼複雜的旋轉方式。

恐龍時代支配天空的「翼龍類」

相 對於某些爬蟲類種群征服了海洋,「翼龍類」（Pterosauria）則征服了天空。翼龍一詞聽起來像是「在天空中飛行的恐龍」,但其實翼龍與恐龍是截然不同的生物（後腳未與身體垂直）。

翼龍類可以分成兩大種群。本頁描繪的是「喙嘴翼龍類」（Rhamphorhynchidae）,主要活躍於三疊紀末到侏儸紀,體型相對較小,特徵是頭部小且尾巴長。相對於此,次節描繪的是「翼手龍類」（Pterodactylidae）,主要活躍於侏儸紀晚期至白堊紀末,體型較大,頭部大且尾巴較短。長有長角與「帆」等,頭部外形多樣的翼龍也屬於這個種群。

看到翼龍的化石,會覺得其結構與現生鳥類相近。骨骼中間有空腔,故死後屍骸容易毀壞,很難以化石的形式保存下來。有機會的話不妨比較看看炸雞雞骨與肋排豬骨的截面,應可明顯感覺到鳥類的骨頭特別脆弱。

喙嘴翼龍（↑）
學名：*Rhamphorhynchus*
時代：侏儸紀
翼展：約40公分（最小種）～1.5公尺
體重約0.5公斤。嘴巴長有朝外的牙齒,在嘴巴閉闔時會相互交錯。化石主要產於德國。

喙嘴翼龍類
體型較小、尾巴較長的翼龍。繁榮於三疊紀末到侏儸紀之間。

翼手龍類
體型較大、尾巴較短的翼龍。學名意義為「有翅膀的手指」。繁榮於侏儸紀晚期至白堊紀末。

三疊紀	侏儸紀	白堊紀

中生代

＊「翼展」為翅膀張開時的寬度。

真雙型齒翼龍
學名：*Eudimorphodon*
時代：三疊紀晚期
翼展：約1公尺
最古老的翼龍之一。下巴前方有鋸齒狀的牙齒。
化石產於義大利。

蛙嘴翼龍
學名：*Anurognathus*
時代：侏儸紀晚期
翼展：約50公分
從牙齒的形狀推測，應以昆蟲為食。化石產於德國。

雙型齒翼龍
學名：*Dimorphodon*
時代：侏儸紀早期～中期
翼展：約1.5公尺
特徵為很大的下巴與很長的後腳。化石產於英國與墨西哥。

毛鬼翼龍
學名：*Sordes*
時代：侏儸紀晚期
翼展：約60公分
有確認到身上可能有羽毛的痕跡。化石產於哈薩克。

曲頜形翼龍
學名：*Campylognathoides*
時代：侏儸紀早期～中期
翼展：約1.7公尺
少數有發現股骨的翼龍。化石主要產於德國。

頭很大的翼龍
為什麼能在空中飛呢

根據美國的維特默（Lawrence Witmer，1959～）博士等人的分析，翼龍與鳥類在腦部結構上相似。翼龍腦中負責視覺的「視葉」（optic lobe）特別大，視力應該很好。

另外，說到翼龍時，常會提到那不大平衡的頭身比。特別是翼手龍類，不少人懷疑它們是否真的能飛。日本神奈川大學工學院的杉本剛教授從機械角度研究翼龍的結構，發現翼手龍類的頭部有許多空洞，而且大多沒有牙齒，用於控制下巴的肌肉也很少。再加上頭部肌肉很少，翅膀幾乎都由膜構成，骨頭中空且質輕。綜觀其身體結構，重心應位於心臟附近，能夠平衡升力（翅膀所產生的向上力量）。

另一方面，喙嘴翼龍類擁有很長的尾巴，一般認為這可以用來平衡、在飛行時發揮「舵」的功能。就和風向雞的原理一樣，只要改變尾巴的方向，就可以改變身體的方向。

努爾哈赤翼龍
學名：*Nurhachius*
時代：白堊紀早期
翼展：約2.5公尺
以中國清朝的開國始祖「努爾哈赤」命名。
化石產於中國。

無齒翼龍（→）
學名：*Pteranodon*
時代：白堊紀晚期
翼展：約6公尺
頭部後方的冠在飛行時或許能當作舵來使用。沒有牙齒及牙齦的痕跡，似乎會將魚等食物直接吞下。化石產於美國。

古神翼龍
學名：*Tapejara*
時代：白堊紀早期
翼展：約1.5公尺
古神翼龍科的代表性物種，從鼻尖延伸到頭後的冠相當獨特。
化石產於巴西。

風神翼龍
學名：*Quetzalcoatlus*
時代：白堊紀晚期
翼展：約10～11公尺
翅膀與小型飛機差不多大的翼龍，是史上最大的飛行動物。有一說認為分布於內陸的風神翼龍會聚集成群，以恐龍屍肉等為食。化石產於美國。

（←）夜翼龍
學名：*Nyctosaurus*
時代：白堊紀晚期
翼展：約2公尺
頭冠長達70公分左右（也有學者認為冠之間有「帆」）。
化石產於美國。

梳頜翼龍
學名：*Ctenochasma*
時代：侏儸紀晚期
翼展：約1.2公尺
長有高密度的細長牙齒，可能是以甲殼類等為食。
化石產於德國。

專欄
COLUMN
始祖鳥與近鳥龍

1860年代時，生活在侏儸紀晚期、名為「始祖鳥」（*Archaeopteryx*）的有羽恐龍※化石於德國出土。出土時視其為最古老的鳥類，故取名為「始祖鳥」。不過，現在則認為同樣生存於侏儸紀晚期的有羽恐龍「近鳥龍」（*Anchiornis*，右圖）是更原始的鳥類。

※：有羽毛的恐龍（獸腳類）。

白堊紀與全球暖化

急速全球暖化而遽變的地球環境

一般認為白堊紀是溫暖的年代，不過從侏儸紀後半到白堊紀早期這段期間，地球很可能處於相對寒冷的環境。白堊紀可細分為12個「期」，在第5～7期——阿普第期～森諾曼期時地球急速暖化，並於森諾曼期（9960萬～9360萬年前）中期暖化達到巔峰。利用氧同位素比方法，對北大西洋西部海域（海面溫度約26～28℃）出土的海洋微生物「有孔蟲」（foraminifera）化石進行詳細調查後，發現阿普第期末～森諾曼期的海面溫度約為32～33℃。

這個至多可達7℃的溫度差，若以現在的日本都市來比喻，相當於東京與沖繩那霸年均溫的差異。為什麼地球會急遽暖化呢？原因可能是活躍的火山活動。當時地球內部產生了大規模超級地函柱（superplume），使太平洋的火山以南太平洋為中心活躍了起來。火山的多次噴發，使大量

白堊紀早期
（凡藍今期）

白堊紀早期為蕨類植物與裸子植物稱霸的世界（左）。隨著暖化令陸地的乾燥區域逐漸擴大，才使被子植物急速多樣化而繁榮昌盛。於是，在白堊紀晚期便出現了與今日類似的森林（右）。

1億4550萬年前

9960萬年前

| | 貝里亞期
(Be) | 凡藍今期
(Vl) | 豪特里維期
(Ha) | 巴列姆期
(Ba) | 阿普第期
(Ap) | | 阿爾布期
(Al) | | 森諾曼期
(Ce) | 土
(|
| 侏儸紀 | | | | | | | 白堊紀 | | | |

*本圖也繪出了春、夏季的花卉。

二氧化碳進入大氣。有研究指出，當時的二氧化碳濃度為現在的8～10倍。

瀕臨滅絕危機的菊石

高濃度二氧化碳所造成的溫室效應，使過去的海洋循環系統產生了大幅變化，這讓白堊紀的海洋經常出現缺氧或無氧狀態的大洋缺氧事件（Oceanic Anoxic Event，OAE）。研究結果顯示，白堊紀的菊石曾經歷過多次多樣性遽減的時期，而這些時期與OAE的時期相當吻合。

特別是森諾曼期末發生的「OAE2」，讓在阿普第期的「OAE1d」之後繁盛起來的菊石減少了80％。目前學界也把OAE2當作白堊紀的重大滅絕事件之一。

全球暖化促進了被子植物的多樣化

最古老的被子植物化石於侏儸紀末（或白堊紀初）的地層出土。不過在很長一段時間內，被子植物都沒有稱霸植物界，而是在角落默默生存。不過在阿普第期～森諾曼期的急遽暖化過程中，陸地上的乾燥區域迅速擴大，進而促使被子植物迅速多樣化（演化）。

被子植物對其他生物造成的影響，以「開始與昆蟲共生」最值得關注。被子植物的花朵深處有花蜜，會吸引昆蟲前來採集，再帶著花粉飛至其他個體（花）進行授粉，藉此來促進繁殖。相較於用風傳播花粉的裸子植物，利用昆蟲授粉的效率更高。

再者，被子植物擁有「導管」，可以有效率地在體內運輸水分及溶於水中的養分，這也有助於擴張勢力。於是在白堊紀末就已經出現了與現在相差無幾的森林。

白堊紀晚期
（馬斯垂克期）

尼亞剋期 桑托期
(Co) (Sa)

坎帕期
(Ca)

馬斯垂克期
(Ma)

6550萬年前

古近紀

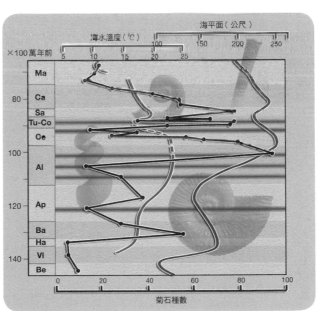

OAE事件與菊石種數的變化

由化學分析可知白堊紀共發生了6次OAE。OAE與菊石多樣性遽減的時間點相當一致。另外，OAE也會對有孔蟲、放射蟲等海洋微生物造成很大的影響。

白堊紀-古近紀滅絕事件

恐龍的時代，
突然來到盡頭

距今6550萬年前，一顆直徑10公里的小行星撞擊到現在的墨西哥猶加敦半島。揚起的大量粉塵衝上天空，遮蔽了陽光，使氣溫大幅下降。這讓維繫食物鏈的光合作用生物遽減，連帶使得居住於陸、海、空的動物大量滅絕。這個事件稱做「白堊紀-古近紀滅絕事件」（Cretaceous-Paleogene extinction event），亦可簡稱為「K/Pg滅絕事件」（白堊紀的德文為Kreide）。

美國的核物理學家阿爾瓦雷茨（Luis Alvarez，1911～1988）等人是第一批提出小行星撞擊假說的人，他們認為白堊紀-古近紀滅絕事件的肇因是小行星。最初這個假說並沒有被接受，直到2010年3月時全世界12個國家、41名學者發表了研究結果，認為該說確實最有可能成立。

在白堊紀-古近紀滅絕事件之後，由大型爬蟲類稱霸各個生態系的恐龍時代正式宣告終結。之後的時代，主角漸漸變成了哺乳類。

突如其來的小行星撞擊
白堊紀末小行星撞擊地球，使恐龍等爬蟲類、菊石等約8成左右的動物滅絕。對陸上脊椎動物而言，體重25公斤似乎是迎來或生或死的命運分界，這表示需要大量食物、生態系地位較高的生物因此盡數滅絕了。

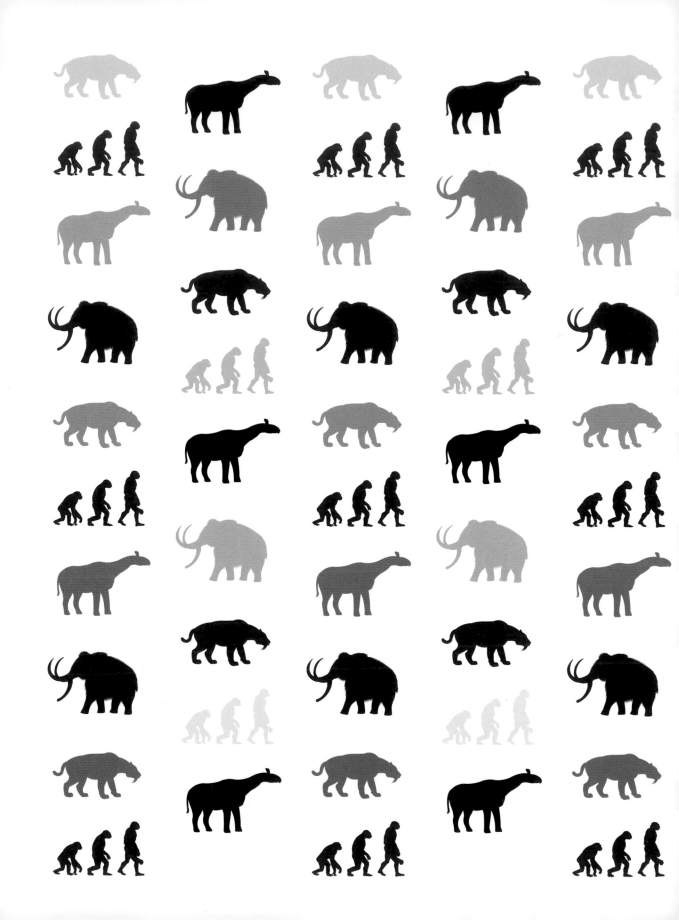

5

哺乳類的時代

（新生代）

Age of mammals (Cenozoic era)

進入新生代之後 哺乳類多樣化

6550萬年前，一顆小行星的墜落改寫了生命史。該事件造成恐龍滅絕，並揭開了「新生代」（Cenozoic）的序幕。

新生代可以說是哺乳類的時代。中生代三疊紀晚期（約2億3000萬～2億年前）單弓類動物分支演化出了哺乳類，後於侏儸紀與白堊紀時期已經有多種哺乳類存在。譬如第118頁專欄中介紹的「摩根齒獸」就是代表

脊椎動物到哺乳類的演化過程（示意圖）

性的早期哺乳類之一，不過這些哺乳類也大多在白堊紀-古近紀滅絕事件中或之前就已經滅絕。

另一方面，於白堊紀出現的「真獸類」（Eutheria，現生哺乳類幾乎都屬於真獸類）與「有袋類」（Marsupialia，以袋鼠為代表，透過育兒袋來撫育子代的種群）則是

撐過了白堊紀-古近紀滅絕事件的哺乳類，在新生代的第一個時代「古近紀古新世」（約6550萬～5600萬年前）接管了過去被恐龍占據的區域與食物，得以一口氣多樣化而演化出了多種動物。

古近紀（古新世、始新世、漸新世） 約6550萬～2300萬年前	新近紀（中新世、上新世） 約2300萬～260萬年前	第四紀（更新世、全新世） 約260萬年前～現在
新生代		

＊古近紀與新近紀原本合稱「第三紀」，源自於過去將地球歷史分成四個紀，指稱其中的第三個時代。

哺乳類繁盛是因為「優異的牙齒」與「胎生」

早期哺乳類與真獸類、有袋類的最大差異在於臼齒的形狀。舉例來說，摩根齒獸的臼齒外觀如山形且三個排成一列，是相當單純的結構。另一方面，真獸類與有袋類的臼齒則和我們人類類似，上顎的臼齒為「杵」，下顎的臼齒為「臼」，為上下成對的結構。過去只能像「剪刀」一樣切割食物的牙齒，演化成了可以磨碎食物的臼齒，大大

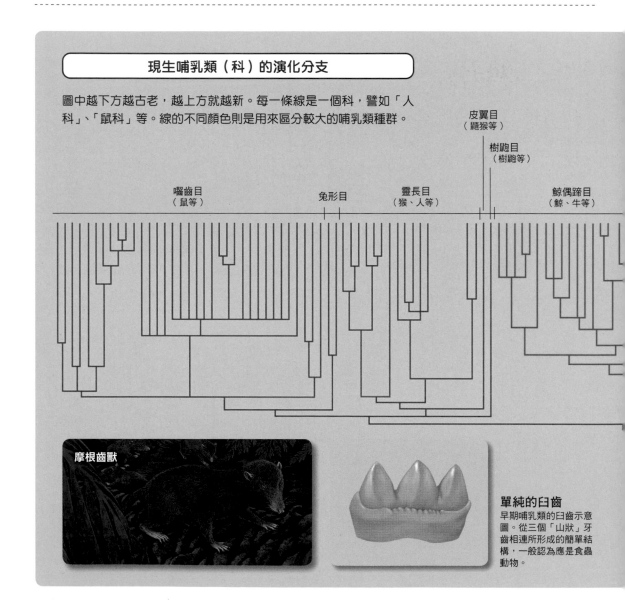

現生哺乳類（科）的演化分支

圖中越下方越古老，越上方就越新。每一條線是一個科，譬如「人科」、「鼠科」等。線的不同顏色則是用來區分較大的哺乳類種群。

皮翼目
（鼯猴等）

樹鼩目
（樹鼩等）

囓齒目
（鼠等）

兔形目

靈長目
（猴、人等）

鯨偶蹄目
（鯨、牛等）

摩根齒獸

單純的臼齒

早期哺乳類的臼齒示意圖。從三個「山狀」牙齒相連所形成的簡單結構，一般認為應是食蟲動物。

提升了哺乳類的咀嚼能力與消化效率（獲得能量的效率因此而提升了）。

　　另外，早期哺乳類可能是卵生。由於卵不會移動，所以養育子代的風險較高。另一方面，有袋類是演化上相對高等的哺乳類，可以將未發育完全的子代放在腹部的育兒袋中撫育。至於將孩子一直留在母體內，直到可以自主行走再生產的胎生真獸類，養育子代的風險就更低了。

　　優異的牙齒與胎生，這兩個特徵被視為新生代的哺乳類，特別是真獸類得以繁盛的重要原因。

＊目前並未發現原始哺乳類的「卵」。另外，真獸類的子代在母體內發育成長時會透過胎盤獲得養分，故又稱為「胎盤動物」（Placentalia）。

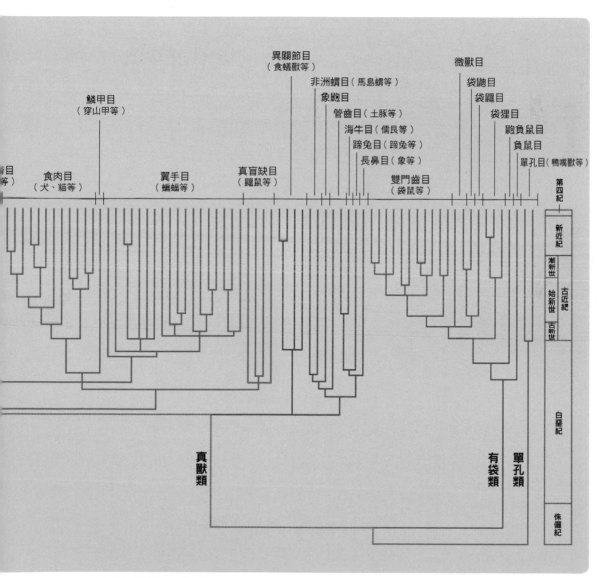

＊參考「大哺乳類展 —— 陸地上的近源物種」圖表（2010）、Bininda-Emonds et. al（2007）製成。另外，本圖不含滅絕種。

163

逃過滅絕命運的生物 進入古近紀以後

新 生代剛開始時，就已經出現與今日類似的哺乳類了嗎？倒也並非如此。早期的哺乳類為了適應不同的生存環境及食物，分化出不同物種（增加物種數），這個過程叫做「輻射適應」（adaptive radiation）。

事實上，因為古新世的輻射適應而出現的哺乳類種群，大多沒能延續至今。大多數哺乳類與古新世後「始新世」（約5600萬～3400萬年前）出現的新種群競爭了大約2000

萬年，期間不敵而相繼淘汰乃至於退出舞台（至今仍不曉得具體原因）。而當時殘存下來的只有「靈長類」（Primates，人、猴等的近親）、「真盲缺類」（Eulipotyphla，鼩鼱等的近親）、「食肉類」（Carnivora，犬、貓等的近親）等一小部分的哺乳類。

另一方面，某些在白堊紀-古近紀滅絕事件中殘存下來的物種也在古新世持續繁衍。「冠恐鳥」是從頭到腳高度達 2 公尺左右的

埃及重腳獸
學名：*Arsinoitherium*
分類：哺乳綱 重腳目
時代：始新世早期
生存於北非。可能是象的近親，不過其直接祖先不明。
角的基部分岔，形成兩根角。

巨大「鳥類」，姿態與獸腳類相似，無法飛行，而是在地面上步行※。可能會用又大又尖的鳥喙吃植物或植物的種子等，但究竟是肉食還是植食目前尚無定論。

※：有時會把擁有這種特徵的鳥類叫做「恐鳥類」（terror birds），不過這包含了多個演化上關係較遠的物種，並非生物學上的正式分類名稱。

冠恐鳥
學名：*Gastornis*
分類：鳥類 冠恐鳥目 冠恐鳥科
時代：古新世～始新世
過去曾發現另一物種「不飛鳥」（*Diatryma*）的化石，但在後續研究中證實它與冠恐鳥為同一物種，故取消了不飛鳥之名。化石產於歐洲、美國、中國。

（←）鱷龍
學名：*Champsosaurus*
分類：爬蟲類 雙弓亞綱 離龍目 鱷龍科
時代：中生代白堊紀～新生代古近紀始新世
在白堊紀-古近紀滅絕事件中躲過滅絕命運的爬蟲類之一。形似鱷魚，卻和鱷魚屬於不同類群的生物。全長約1.5～3.5公尺。肉食性，可能棲息在淡水環境。

在梅塞爾坑發現的始新世動物

德國首都法蘭克福近郊的「梅塞爾坑」（Messel pit）是著名的化石產地，由於在此處發現了大量始新世動植物的化石，而名列世界自然遺產。圖為約4900萬年前的當地樣貌復原圖，其中也包含了應為夜行性的生物。

「原古馬」屬於「奇蹄類」（Perissodactyla），是一種原始的馬，大小卻和現生的犬差不多。再者，其前腳有四個蹄、後腳有三個蹄，這點也不同於四腳都只有一個蹄的現生馬。

位於前方的「始穿山甲」身上披有鱗片，屬於「鱗甲類」（Pholidota）。始穿山甲是已知最古老的穿山甲，可能以昆蟲、螞蟻為食。梅塞爾出土的化石保存情況非常好，甚至有不少胃內容物能以化石的形式保存下來。

除了前述生物之外，「翼手類」（Chiroptera，蝙蝠的近親）、「鯨偶蹄類」（Cetartiodactyla，鯨、牛等的近親）、「長鼻類」（Proboscidea，象的近親）等我們現今熟悉的動物，也在輻射適應中陸續出現。

長鼻跳鼠（↑）
學名：*Leptictidium*
分類：麗蝟目 麗蝟科
全長約60～90公分，有一半是尾巴的長度。

 專欄 COLUMN ## 突然暖化的地球

約5600萬年前，海洋循環的改變及火山活動等導致二氧化碳增加，造成溫室效應使地球突然暖化。氣溫最多上升了約8℃，使海中50%有孔蟲滅絕。該事件發生在古新世（Paleocene）與始新世（Eocene）之間，故稱為「古新世-始新世極熱事件」（Paleocene-Eocene Thermal Maximum，PETM）。PETM在短短20萬年內結束，不過溫暖期間卻持續了之後的500萬年左右。

古近紀的地球非常溫暖，世界各地都有熱帶雨林形成。

（↓）古翼手
學名：*Palaeochiropteryx*
分類：翼手目 小翼手亞目 古翼手科
蝙蝠的近親，翼展約30公分，應為夜行性。

（←）始穿山甲
學名：*Eomanis*
分類：鱗甲目 穿山甲科
全長：約50公分

原古馬（↑）
學名：*Propalaeotherium*
分類：奇蹄目 馬總科 古獸馬科
肩高：30 ～ 60公分

史上最大陸生哺乳類「巨犀」

「巨犀」生存於漸新世（約3400萬～2300萬年前），是史上最大的陸生哺乳類。在哈薩克發現的巨犀化石全長約7.5公尺、肩高約4.5公尺，肩膀高度相當於一座行人天橋的高度。

巨犀學名舊稱 *Indricotherium*，其中的 Indorico- 源自「Indrik」，是俄羅斯民間傳說中的動物之王。雖然叫做動物之王，但巨犀其實沒有站在生態系的頂點，而是以樹木的枝葉為食。而且其體型相對纖瘦，擁有細長的腳，應可用相當快的速度奔跑。

巨犀沒有角，卻與現生犀類（犀總科：Rhinocerotoidea）親緣相近，故歸入同一類，再往上的分類則是「奇蹄類」。在巨犀身處的年代，包括犀總科在內的奇蹄類有很豐富的多樣性，幾乎足以代表整個哺乳類，光是犀總科就有超過90個屬。不過之後奇蹄類迅速減少，目前的犀總科動物（即犀牛）只剩下4個屬。

巨犀
學名：*Paraceratherium*
分類：奇蹄目 犀總科 巨犀科
時代：漸新世
1916年俄羅斯的波利夏克（Alexey Borissiak，1872～1944）建議屬名為「*Indricotherium*」。7年後，俄羅斯的帕布羅（Maria Pavlova，1854～1938）正式將「長頸巨犀」命名為「*Indricotherium transouralicum*」。後來根據若干學者的研究成果，學界傾向於只承認漸新世的「*Paraceratherium*」為有效屬名。

前進海洋的哺乳類

在哺乳類多樣化的演化過程中，有一些種群選擇朝海洋挺進，「鯨豚類」（cetacean）就是其中的代表。

依照2001年公開發表的全身骨骼，最古老的鯨擁有似狼的外表以及明顯的四肢。這種名為「巴基鯨」的半水生動物，在系統分類學上被認為是河馬的近親（鯨偶蹄類）。

像巴基鯨這種原本住在陸地上的鯨豚類祖先，是在什麼時候、以什麼方式進入海中的呢？約2億年前，盤古大陸形成。後來盤古大陸開始分裂，印度次大陸（現今印度等國家所處的大陸）開始北上。在約5000萬年前始新世早期，印度次大陸撞上了亞洲大陸（現今中國等國家所處的大陸），原本在兩者之間的古地中海（Tethys Ocean，又稱特提斯海）海底隆起而成為一大片淺灘。已知淺灘在日光照射下會使浮游生物大量增殖，成為生態系金字塔的底層，提供各種生物棲息的環境。以巴基鯨為代表的鯨豚類祖先，可能就是以這些食物資源為契機往海洋前進。

鯨豚透過骨頭振動聽到聲音

為什麼說巴基鯨是鯨豚類的祖

巴基鯨
學名：*Pakicetus*
分類：鯨偶蹄目 古鯨下目 巴基鯨科
全長：約1.5公尺
有人認為巴基鯨的四肢之間有蹼。可以在陸地上自由活動，在水中也來去自如，生態應該與現生水獺差不多。

古地中海　歐洲　亞洲
非洲
印度次大陸（北移中）

最古老鯨豚類的登場地點（約5000萬年前的地球）

紅色部分為巴基鯨的棲息區域（推測）。巴基鯨（與其近親）的化石只在分布於印度、巴基斯坦的5000萬年前地層出土。由此可知，雖然世界很大，但鯨豚類祖先只從這個地方進入海中。

先呢？對於在陸地上生活的哺乳類而言，聲音是空氣的振動，耳朵必須朝外開個洞才能接收到空氣的振動。另一方面，鯨豚類在水中生活，無法透過空氣的振動聽到聲音。為此，鯨豚類演化出了「骨傳導」機制，可以透過骨頭來感知在水中傳遞的振動。

所有動物中，只有鯨豚類擁有這種機制。因為巴基鯨的頭骨中含有骨傳導機制所需的耳骨，所以即使外表像狼，仍可將其視為鯨的近親。

不過，此時會產生一個問題：巴基鯨在陸地上時又是如何聽到聲音的呢？有個假說認為，巴基鯨會把長長的下巴貼在地面以接收地面傳來的振動，譬如其他動物的腳步聲等，接著這些振動再傳遞至耳骨而聽到聲音。

鯨豚類聽到聲音的方法
海豚（現生鯨豚類）可以用下顎捕捉水中的超音波，再透過「骨振動」傳遞到耳骨來聽見聲音。為此，其耳骨相當緻密而厚重。一般認為，鯨豚類演化出可應對骨振動的特殊耳骨，使其更加適應水中生活。

短期內適應水中生活的「鯨豚類」

自從約5000萬年前（始新世早期）巴基鯨登場後經過了100萬年左右，鯨豚類的演化進入了下個階段。這個階段是以外形似鱷的「走鯨」為代表，其腳上的蹼之後可能演化成了鰭的樣子。

繼走鯨之後，「庫奇鯨」（*Kutchicetus*）與「羅德侯鯨」（*Rodhocetus*）等鯨豚類陸續出現，一般認為演化至羅德侯鯨幾乎已完全適應了水中生活。從巴基鯨登場到鯨豚類適應水中生活大概花了300～400萬年，從古生物學的角度來看，這段期間短得不可思議。

到了約3900萬年前（始新世晚期），「矛齒鯨」與「龍王鯨」陸續出現。這些鯨豚類擁有流線型身體與尾鰭，已經適應了海中移動。在巴基鯨之後、龍王鯨之前的鯨豚類是屬於滅絕種群「古鯨下目」（Archaeoceti）。矛齒鯨、龍王鯨為最後一批古鯨下目成員，現生的「齒鯨類」（Odontoceti）、「鬚鯨類」（Mysticeti）可能是由體型類似現代鯨豚類的矛齒鯨演化而來。

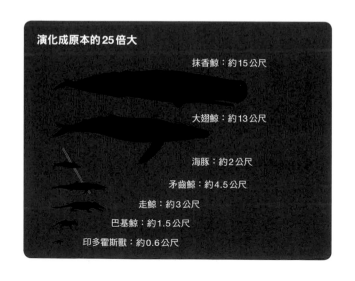

演化成原本的 25 倍大

抹香鯨：約15公尺

大翅鯨：約13公尺

海豚：約2公尺
矛齒鯨：約4.5公尺
走鯨：約3公尺
巴基鯨：約1.5公尺
印多霍斯獸：約0.6公尺

5000萬年來的鯨豚類系譜

印多霍斯獸
學名：*Indohyus*
分類：鯨偶蹄目 勞氏獸科
與巴基鯨擁有共同祖先，從該祖先分支演化出來的陸生動物。耳的結構與鯨豚類共通。

1.巴基鯨

4.現生鯨豚類
從上而下分別是大翅鯨、海豚、抹香鯨。後腳退化消失。頸部骨頭癒合縮短，故頸部無法擺動。另外，為了方便在游泳時呼吸，鼻孔的位置變高（往後方移動）。

大翅鯨

（↓）3.龍王鯨
學名：*Basilosaurus*
分類：鯨偶蹄目 古鯨下目 龍王鯨科 龍王鯨亞科
全長約20公尺，是當時海中最大型的動物。有著類似鰻魚的體型，一般認為會緩慢地扭動身軀游動。從其腹部發現了許多魚類化石，分析結果顯示可能是以鯊魚、鱈魚等為食。

海豚

抹香鯨

（←）3.矛齒鯨
學名：*Dorudon*
分類：鯨偶蹄目 古鯨下目 龍王鯨科 矛齒鯨亞科
前腳已完全變成鰭，後腳則幾近退化。已適應了水中生活，不過頸部關節仍有相當高的可動性，且鼻子仍在較低位置，尚未特化成適合快速、長距離游泳的形態。

（←）2.走鯨
學名：*Ambulocetus*
分類：鯨偶蹄目 古鯨下目 走鯨科
在海中生活，卻會捕食陸生動物。其生態與現生鱷魚類似。再者，發達的腳蹼已有鰭的雛型等，骨架上有不少適應了水中生活的特徵。

遺留在聖母峰山頂
海洋曾經存在的證據

在第170頁提到的古地中海，後來因為印度次大陸持續碰撞歐亞大陸而完全消失。交界處的地形進一步被推擠抬升，於1400萬～1000萬年前（中新世）時形成了大山脈，即有「世界屋脊」之稱的「喜馬拉雅山脈」。

喜馬拉雅山脈的最高峰為海拔8848公尺的「聖母峰」（Mount Everest）。順帶一提，尼泊爾稱其為「薩加瑪塔峰」，西藏則稱之為「珠穆朗瑪峰」。

奧德爾查明了
山頂的地質

事實上，有證據可以證明聖母峰一帶曾是海底。1924年，人類首次挑戰聖母峰登頂，地質學家奧德爾（Noel Odell，1890～1987）是第三次英國登山隊的成員之一，他發現聖母峰山頂是由石灰岩所構成。石灰岩是含有大量碳酸鈣的沉積岩，由沉積在水底的海生動物骨骼及外殼形成。也就是說，聖母峰的山頂地層曾經位於海底。

在12年後的1936年，瑞士蘇黎世聯邦理工學院的教授甘瑟（Augusto Gansser，1910～2012）與他的指導教官海姆（Arnold Heim，1882～1965）穿過喜馬拉雅山脈的中央地帶調查地質，發現了印度次大陸與歐亞大陸撞擊、合併的痕跡「縫合帶」（suture）。甘瑟假扮成牧羊人，從印度潛入當時封鎖中的西藏進行調查，並扮成岩鹽商人將採集到的岩石樣本帶了出來。費了一番工

珠穆朗瑪層
由約4億6000萬年前（奧陶紀）的石灰岩構成，可發現海百合、三葉蟲等的化石。

聖母峰山頂一帶曾經是海底（一）

古生代海洋的示意圖。喜馬拉雅山上有菊石化石出土，印度教將其視為神聖的石頭，認為可以保佑國家平安。歐洲人從19世紀就已經知道喜馬拉雅山上有菊石化石出土，並認為這可以證明喜馬拉雅山過去曾經是海洋。

夫之後，終於成功畫出喜馬拉雅山中央部分的精細地質圖，是世界上第一個完成此項偉業的人。

後來甘瑟仍持續投入調查工作，分析喜馬拉雅山全區的基本結構，並於1964年集其心血著書出版。該著作中寫道，他從1956年成功登頂聖母峰的瑞士遠征隊手上拿到了聖母峰山頂附近的石灰岩，經過調查後從中發現了海百合的化石。

在1966年至1968年之間，中國以國家計畫的形式對聖母峰進行了大規模調查，後在多達2000頁的報告中提到，山頂的石灰岩在地質學上可分為兩層，且山頂附近的地層可以找到海百合、三葉蟲、直角貝，腕足類等生物的化石。

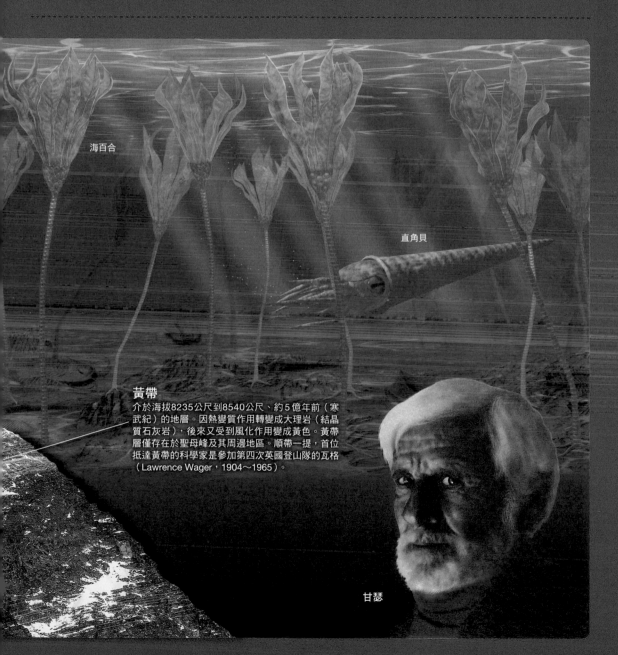

海百合

直角貝

黃帶
介於海拔8235公尺到8540公尺、約5億年前（寒武紀）的地層。因熱變質作用轉變成大理岩（結晶質石灰岩），後來又受到風化作用變成黃色。黃帶層僅存在於聖母峰及其周邊地區。順帶一提，首位抵達黃帶的科學家是參加第四次英國登山隊的瓦格（Lawrence Wager，1904～1965）。

甘瑟

比鯨魚晚了約1200萬年
出現在海洋的「鰭腳類」

「**海**熊獸」（*Enaliarctos*）是最古老的鰭腳類化石，發現於美國加州約2800萬年前（漸新世）的地層。「鰭腳類」（Pinnipedia）包括海豹、海獅、海象等哺乳類物種。現生哺乳類的基因分析研究結果顯示，鰭腳類是在約3800萬年前（始新世）從與鼬的共同祖先中分歧演化而成。

海熊獸的外表與海獅相似。另一方面，水生哺乳類「河獸」（*Potamotherium*）、「海幼獸」（*Puijila*）等鰭腳類，幾乎與海熊獸在同一個時代或是稍晚的時間點出現。就像鯨豚類「巴基鯨」一樣尚未完全適應水中生活，外貌仍接近水獺的樣子。

河獸的化石於北美內陸與歐洲出土，海幼獸則在加拿大北極圈的島上被發現。從這些化石可以看出，鰭腳類在3800萬年前至2800萬年前的北美大陸演化出來，隨後進入海中生活。

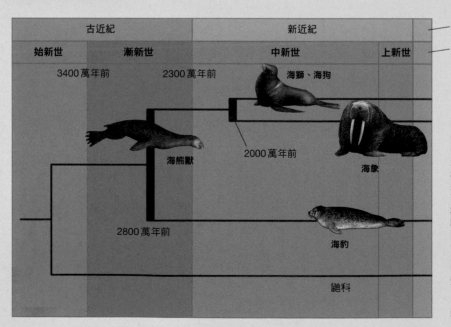

鰭腳類的系譜

古近紀		新近紀		第四紀
始新世	漸新世	中新世	上新世	更新世、全新世

3400萬年前　　　2300萬年前

海獅、海狗

2000萬年前

海象

海熊獸

2800萬年前

海豹

鼬科

由至今發現的化石資料可知，鰭腳類於北美大陸演化出來，隨後進入海中生活。這個時間不會早於3800萬年前，比鯨豚類進入海中還要晚了1200萬年左右。之後在大約2000萬年前（中新世），鰭腳類分化出了海獅與海象。早期的海象並沒有長長的海象牙。後來具有海象牙的海象為了支撐住海象牙，演化成頭部前後較短的樣子。

＊參考「米澤ほか（2008）」製成。

海獅

海豹

海獅與海豹

鰭腳類大致上可以分成海獅型與海豹型兩大類。海獅的後腳朝前，海豹的後腳則呈外旋狀，腳背永遠朝外。因此，海獅可以在陸地上「步行」，但海豹在陸地上只能靠扭動身體來移動。海獅與海豹的化石出土紀錄也有很大的差異：原始海獅化石散落在北美大陸的太平洋沿岸與各個島嶼，原始海豹的化石幾乎都在北美大陸的大西洋沿岸發現。也就是說，兩者的化石產地分別位於北美大陸的東西側。

＊只說「幾乎」的原因在於，形態最原始的海豹棲息在現在的夏威夷。

草原遍布的「新近紀」陸地

進 入新近紀（約2300萬～260萬年前）後，地球出現大規模的寒冷化與乾燥化。這導致原本在古近紀各地繁盛的副熱帶森林逐漸縮小，類似現今非洲禾本科植物的草原開始在世界各地擴張。

這個時代的哺乳類仍然持續多樣化。特別是鹿、牛這種腳蹄數為偶數的鯨偶蹄類，物種數迅速增加。

圖為當時的美國德州生態示意圖。「奇角鹿」的鼻子（吻部）上方有個醒目的Y字形角，全長約2公尺，只有雄性有角（背後正在吃草的個體為雌性）。

在奇角鹿的腳邊，老鼠的近親（嚙齒類）「角地鼠」正把頭露出地面。相較於乾燥且溫差大的地上世界，角地鼠更喜歡潮濕且溫度較穩定的地下。它們會在地底下挖掘洞穴，以草等為食。

奇角鹿（→）
學名：*Synthetoceras*
分類：鯨偶蹄目 胼足亞目 原角鹿科
時代：中新世晚期
現生駱駝的近親。

角地鼠（→）
學名：*Ceratogaulus*
分類：嚙齒目 松鼠亞目 米拉高鼠科
時代：中新世晚期～上新世早期
體長約40公分。一般認為雌、雄性都有角，但其功能仍有許多不明之處。

新近紀的動物 ①

鏟齒象
學名：*Amebelodon*
分類：長鼻目 鏟齒象科
時代：中新世晚期
下顎有兩顆牙齒水平往前延伸。
是現生象類的原始近親之一。

從肉食動物口中保命
而有各式各樣的演化

草原不像森林那樣有許多藏身處，因此哺乳動物必須仰賴各種方法來保護自己免受肉食動物的威脅。

譬如馬的祖先（奇蹄類）的蹠骨（腳背的骨頭）拉長，轉變成只以腳趾奔跑的形態[※]。同時，股骨（大腿骨）縮短，可使驅動股骨

恐象
學名：*Deinotherium*
分類：長鼻目 恐象科
時代：中新世早期～更新世早期
肩高約2.5公尺。繁盛於歐洲、亞洲及非洲。多數象類的象牙是從上顎往正前方延伸，恐象的象牙卻是從下顎往下方延伸。乍看之下會覺得有些奇怪，不過這種形態應該讓恐象在競爭上獲得了一定優勢，所以才會在約2000萬年的期間外型幾乎沒有改變。可能是用象牙剝下樹皮當作食物。

的肌肉不用很長就能跨出一大步。這讓馬能夠以很快的速度在草原上奔跑，逃離肉食動物的追捕。

另一方面，象類（長鼻類）雖然跑得慢，卻演化得「更重、更大」而得以對抗襲擊。大型化伴隨著牙齒的巨大化。為了增大體型就必須吃下許多食物，故需要不易磨損的大型牙齒。於是象類頭骨演化出了巨大的牙齒與足以支撐巨齒的堅固下顎，也長出了長長的象牙。

再者，為了支撐沉重的頭骨，象類的頸部越來越短。但這會產生一個問題 —— 短頸難以暢飲湖水、河水。「長長的鼻子」或許便是因此而演化出來的。

※：包含人類在內，大多數動物在行走時腳掌都會平貼地面。

隨著環境演化的生物

專欄
COLUMN

原本屬於不同系統的生物演化出相同形態的過程，稱之為「趨同演化」（convergent evolution）。譬如海生哺乳類為了適應海岸、淺灘、遠洋等各種環境，演化出了多種形態以適應不同的運動方式。就結果而言，雖然演化系統各不相同，不過海生哺乳類與海生爬蟲類演化出了相似的形態。類似例子還包括貓科食肉類的「斯劍虎」與有袋類的「袋劍虎」（*Thylacosmilus*）。

海生哺乳類

矛齒鯨（鯨豚類）

南非海狗（鰭腳類）

龍王鯨（鯨豚類）

庫奇鯨（鯨豚類）

在水中扭動　　在水中高速泳動　　在水中擺動　　在水中步行

鱷龍（離龍類）

水神龍（蛇頸龍類）

海王龍（滄龍類）

蛇嘴魚龍（魚龍類）

海生爬蟲類

海洋生物「運動形態」的趨同演化

迅捷的大型肉食鳥類「恐鶴」

「恐鶴」是中新世時立於南美大陸食物鏈頂點的鳥類。就像第165頁所介紹的「冠恐鳥」一樣，恐鶴也屬於體型很大、無法飛行的「恐鳥類」。恐鶴應為肉食性，而且跑得很快。

當時的南美大陸有許多形似現生犬的肉食有袋類，卻不存在顯眼的大型肉食哺乳類。直到約300萬年前左右（上新世晚期）「巴拿馬陸橋」（巴拿馬地峽）誕生，北美大陸與南美大陸相連，犬科及貓科等動物終於有機會進入南美大陸。於是恐鶴在生存競爭中敗下陣來，最終導致滅絕。而巴拿馬陸橋的誕生也影響到了多種動物的生存。

人類的祖先猴子（靈長類）在2500萬年前左右（漸新世晚期）便已存在。

鼩負鼠類（↘）
學名：*Paucituberculata*
分類：哺乳綱 後獸下綱 有袋上目 鼩負鼠目
時代：漸新世晚期～中新世早期
形似老鼠，卻與袋鼠等同屬於有袋類。另外，鼩負鼠的近親至今仍棲息在南美大陸。

專欄 COLUMN 連接海與海的「航道」

巴拿馬陸橋（巴拿馬地峽）是連接南北美大陸的帶狀陸地。目前大部分區域為巴拿馬共和國的領土，最狹小的地方寬度只有50公里左右。1914年，連接大西洋（加勒比海）與太平洋的「巴拿馬運河」開通，平均每天會有40艘載運貨物的大型船舶通過運河。

恐
鶴

恐鶴
學名：*Phorusrhacos*
分類：鳥綱 新顎類 叫鶴目 恐鶴科
時代：中新世早期～中期
頭頂到腳底的高度約1～3公尺，是巨大
的肉食鳥類。

遭受巨大傷害的南美大陸動物相

南美大陸的哺乳類化石調查結果顯示，這裡的動物相在300萬年前開始產生巨大變化。過去沒有的犬科及貓科動物化石開始出現，而自古以來棲息在南美大陸的動物則相繼「滅絕」。

說到底，為什麼在300萬年前以前的南美大陸不見犬科及貓科等動物的蹤跡呢？地磁場的研究結果顯示，隨著盤古大陸的分裂，南北美大陸在1億年前以前是處於分離狀態。其後，北美大陸演化出了犬、貓等哺乳類，南美大陸則演化出了犰狳等哺乳類。

順帶一提，現在南美大陸的哺乳類中有50％（以分類層級「科」為單位的比例）是從北美大陸移居而來。此外，棲息在南美大陸的犬科動物擁有全球最豐富的多樣性。

● 劍乳齒象

斯劍虎

南美大陸動物相的變化
透過化石可整理出南美大陸在過去約5600萬年間的動物相（哺乳類）變化。在巴拿馬陸橋誕生以前，已經有某些動物經由加勒比海的島嶼進軍南美大陸，卻沒有因此導致原生動物大量滅絕。

動物在300萬年前的「南北大交流」（↗）

○為由北往南遷移的動物，○為由南往北遷移的動物。其中，斯劍虎與灰狐的近親在陸橋誕生後沒多久就進入了南美大陸。圖中半透明的動物是通過了陸橋，卻無法適應環境而滅絕的動物。

南美大陸

● 北美豪豬

● 副磨齒獸

● 犰狳

● 負鼠

● 北美水豚

● 雕獸

● 棉尾兔

● 倉鼠

● 南美跳鼠

● 古駱馬

貘

南美土著馬

美洲豹

恐鶴

恐狼

充滿謎團的怪獸「索齒獸」

中新世早期～中期約1800萬～1300萬年前，有種名為「索齒獸」的哺乳類動物棲息在北太平洋沿岸淺灘。因為在海洋與陸地之間來來去去，過去將其視為長鼻類或海牛類的近親，不過現在則認為是奇蹄類（犀牛、貘等）的近親。

索齒獸以身為「謎之怪獸」而聞名。以牙齒為例，包括人類在內的哺乳類，牙齒由前至後通常由門齒、犬齒、臼齒所構成。不過右方所示的物種「金星索齒獸」其上顎卻沒有門齒及犬齒，下顎的門齒則會隨著成長替換成犬齒。而且，臼齒形狀看起來就像成束的菠菜莖被菜刀切過的截面般，此即有「成束的柱子」之意的學名由來。

另外，以前多將索齒獸描繪成如本跨頁圖這般，有耳殼（耳朵凸出於外的部分）、身體側面長有四肢的模樣。不過近年的研究結果則顯示，索齒獸沒有耳殼，且四肢較接近鰭狀肢的形態（手指朝向身側），以類似海象的姿勢步行。

索齒獸最完整的化石。1977年於日本北海道歌登町（現在的枝幸町）出土，由進行地質調查的山口昇一博士發現。自從「歌登標本」發現至今已有40年以上的歲月，仍有許多謎團尚待查明。

＊照片為日本茨城縣筑波市「地質標本館」展示的化石（複製品）。

索齒獸的牙齒化石
（照片：日本富山市科學博物館）

金星索齒獸
學名：*Desmostylus hesperus*
分類：索齒獸目 索齒獸科
時代：中新世早期～中期
體長約2.5～4公尺。擁有獨特的牙齒結構，從化石種到現生種
沒有一種生物的牙齒與之類似。約在1300萬年前滅絕。

具有長達十幾公分尖銳牙齒的「巨齒鯊」

「巨齒鯊」是大約2800萬～360萬年前的海生動物，廣布於全球各溫暖海洋中。

鯊魚的身體主要由軟骨構成，所以牙齒以外的部分難以形成化石。也因此化石種鯊魚的全長等數據，是根據現生鯊魚的體型與牙齒大小的比例推算而成。基於計算結果，過去認為巨齒鯊是「史上最大的鯊魚」，不過現在主流學說則傾向於應該很少會有超過15公尺的個體。順帶一提，史上最大的鯊魚是現生的鯨鯊。

一般而言，鯊魚的咬合力非常強（現生大白鯊約2噸）。一般認為巨齒鯊的咬合力也相當強，應該是以強韌的口為武器來捕食海豹、海象等鰭腳類及小型鯨魚。

巨齒鯊在海中所向披靡，卻仍不敵上新世晚期之後地球逐漸寒冷化，在與大白鯊等的生存競爭中淘汰，最終走向滅絕。

比巨齒鯊還要大的鯨鯊全長可達20公尺左右。這比目前行駛於日本各地的雙節巴士（下方照片：約18公尺）還要長。

巨齒鯊的牙齒
（長約15公分）

巨齒鯊的顎部復原模型

巨齒鯊

學名：*Otodus megalodon*
分類：軟骨魚綱 板鰓亞綱 鼠鯊目
時代：新近紀

世界各地都有發現巨齒鯊的牙齒化石。齒長4〜13公分
左右，比現生大白鯊的牙齒還要大。甚至也曾發現過
長達約18公分的牙齒。

COLUMN

犬與貓的祖先
與熊及海獅相同

犬（狗）與貓是我們最熟悉的哺乳類之一，究竟牠們的祖先是什麼樣的動物呢？首先來看看犬的祖先。根據美國基因學家帕克（Heidi Parker）博士以及瑞典生物學家維拉（Carles Vila）博士等人的研究，犬的祖先是狼。如果著眼於化石的相似性來追溯狼的歷史，

小古貓（*Miacis*）
犬與貓的共同祖先。也是熊、海獅、鬣狗、獴等的祖先。外型似貂。可能生活在副熱帶森林。約在3400萬年前（始新世晚期）滅絕。

黃昏犬（*Hesperocyon*）
走路時腳跟著地。可能棲息在闊葉森林，或許會爬樹。

恐齒貓（*Dinictis*）
貓的演化過程中，最早登場的貓型動物「獵貓科」（Nimravidae）的一種。多擁有很長的犬齒，約在4000萬年前（始新世早期）登場，於530萬年前（中新世末）滅絕。

半犬（*Amphicyon*）
在演化成熊的過程中出現，是最初的犬型動物，約在4000萬年前登場。半犬是該種群中最具代表性的物種，有許多與熊相似的特徵。約在530萬年前滅絕。

貓（*Felis*）
貓類也包含獅子與老虎在內，在體格方面有很大的落差，但基本的身體結構並無太大差異。演化過程中，雙眼漸往臉部中央靠近，腳爪演化成可以收放自如。約在2500萬年前（漸新世中期）擁有「貓」形態的最初貓科動物登場，直至今日。

首先可以追溯到約1000萬年前中新世晚期的「細犬」。細犬的肩高（腳底到背的高度）約25公分，是種形似狐狸的動物。

現生狼的近親動物以郊狼、胡狼為首包括了非洲野犬、狸、狐等，這些動物都是由細犬演化而來。另外，目前只有在北美大陸發現細犬的化石。而且在細犬以前的犬祖先化石，也幾乎都在北美大陸出土。

若繼續往回追溯細犬的祖先，可得到生活在約4000萬年前始新世晚期、肩高約20公分的「黃昏犬」。那麼，黃昏犬的祖先又是什麼動物呢？答案是生活在約5500萬年前始新世早期，肩高約25公分的「小古貓」。

小古貓與黃昏犬的其中一個差異在於腳跟接觸地面的方式。由黃昏犬演化而來的所有犬科動物腳跟都不會觸地，這種「趾行性」構造能夠加大步伐、迅速奔跑。反觀小古貓則是腳跟會觸地，屬於蹠行腳，這種結構常見於較原始的哺乳類。

小古貓擁有「裂齒」（carnassial tooth）這個食肉類特徵，且與犬科動物一樣在裂齒後方還有數個臼齒。所以小古貓也被認為是犬與貓的共同祖先。

貓自古以來就是「貓」

既然都提到了犬與貓的共同祖先，不妨也來看看貓的演化吧。小古貓剛登場時，地球環境相當溫暖，各地都有大片森林。後來地球開始乾燥化，草原開始擴張，雖然其中的因果關係還有待查明，不過犬的祖先似乎就是為了適應草原環境而誕生。後來犬的祖先逐漸大型化，演化出可以長距離移動的身體。

另一方面，包含貓科動物在內的貓型系統（貓型類：Feliformia）與犬型系統（犬型類：Caniformia）在歷經分歧演化時，小古貓原有的最後端大臼齒消失，後來臼齒數也逐漸減少。除了這個變化之外，整體而言在外型上古今並沒有太大差異。貓科系統的動物雖然在牙齒、體型大小上有變化，不過骨架從一開始到現在都沒什麼改變。

恐犬（*Borophagus*）
吻部較短，擁有如現生鬣狗般可咬碎骨頭的強力下顎。恐犬在現生犬登場以前就從演化中分歧出來，約在250萬年前（上新世末）滅絕。

細犬（*Leptocyon*）
用腳趾步行，在3400萬年前左右（始新世末～漸新世初）由黃昏犬演化而來，在森林與草原皆可生活。約在1000萬年前（中新世晚期）滅絕，不過在滅絕以前演化出了現生的犬。

狼／犬（*Canis lupus*）
狼與犬的生物種名（學名）皆為「*Canis lupus*」。大約在1000萬年前出現，生活圈擴展到了北美大陸之外，繁榮至今。

＊犬是狼的一個「亞種」。

描繪了犬與貓的近親如何從共同祖先小古貓演化而來的示意圖。背景的植物表示該動物生存的環境概況。

大型哺乳類出現的
第四紀更新世

「**第**四紀」（Quaternary）始於260萬年前，也就是「人類的時代」。

現生哺乳類在第四紀早期幾乎都已經出現了。另一方面，在第四紀前半的時代「更新世」（約260萬～1萬年前），曾有許多現代看不到的大型哺乳類棲息在世界各地。

下圖中，與「袋獅」（*Thylacoleo*）對峙的是「雙門齒獸」。雙門齒獸是植食性有袋類，

澳洲東南部
（約12萬～1萬年前）

袋狼

雙門齒獸
學名：*Diprotodon*
分類：有袋目 澳洲有袋亞目 雙門齒科
時代：上新世～更新世

袋獅（↑）

大型的雙門齒獸肩高可達2公尺、體長超過3公尺，這樣的體格足以登上史上最大型有袋類的寶座。另外，澳洲的大型哺乳類大多在約4萬5000年前滅絕。

右頁圖中，襲擊長角野牛（*Bison latifrons*）幼體的「斯劍虎」是一種貓科動物，亦可稱為「劍齒虎」，不過與現生虎的親緣關係並不相近。

斯劍虎會用長牙（犬齒）刺入獵物的喉嚨等處，給予致命一擊。這個牙齒本身並不堅固，不適合用於打鬥。一般認為斯劍虎可能是用粗大的前腳攻擊獵物使其衰弱、失血，再用牙齒予其「致命一擊」。

即使是在南北美大陸，大型哺乳類也在約1萬年前相繼滅絕，獵物不足的斯劍虎也因此隨之滅絕。澳洲的滅絕與美洲的滅絕可能都是氣候變化（寒冷化）所致，不過也有學者認為這些動物也有可能是被當時勢力逐漸擴大的人類所消滅。

北美大陸
（更新世）

斯劍虎
學名：*Smilodon*
分類：食肉目 貓總科 貓科
時代：更新世
體長約2公尺。長度超過15公分的長牙，有著牛排刀般的細小鋸齒結構。一般認為，斯劍虎為了善用這項「特徵」，其下顎最多可以張開到120度。

長角野牛

永凍土中發現的猛獁象「尤卡」

地球歷史上氣溫特別低、有大量冰川形成的時代稱做「冰河時期」（ice age），其中特別寒冷的時期叫做「冰期」（glacial period），相對較溫暖的時期稱做「間冰期」（interglacial period）。至今為止的研究顯示，地球在過去約65萬年（更新世中期～晚期）內，重複出現了4輪冰期與間冰期。

末次冰期玉木冰期（Würm-glaciation，又稱維爾姆冰期，約7萬～1萬年前）時，北半球仍有「猛獁象」（真猛獁象）棲息。2010年夏天從俄羅斯薩哈共和國的永凍土中發現了3萬9000年前保存狀態良好的猛獁象，而且是一隻6～11歲的「少女」，後來以發現地「尤卡吉爾」（Yukagir）將其命名為「尤卡」（YUKA）。尤卡出土時，全身皮膚仍彼此相連，是保存良好的猛獁象化石中體型最大者。

鼻子末端
形態與其他象的象鼻不同。下側的凸起較寬，上側的凸起較長。

猛瑪象（尤卡）

猛瑪象為象科猛瑪象屬的象類總稱。尤卡屬於其中的「真猛瑪象」。

　　通常動物的屍體在骨骼、牙齒等堅硬部分以外的部位，會因為腐壞而無法保存。不過寒帶的永凍土在地下深處，年均溫低於0℃，所以埋在永凍土中的屍體其皮膚、毛髮、肌肉等柔軟組織得以保存，並不會腐壞。也因此，從永凍土中亦發現了保存狀態很好的披毛犀（犀牛的近親）、灰狼等化石。

＊照片：相原正明

若將鼻子與尾巴拉直，則尤卡的全長可達約3公尺，肩高約125公分。然而，這是在身體內部幾乎空無一物、身上有許多皺紋的狀態下測得的數據，和存活時的狀態相比仍有落差。

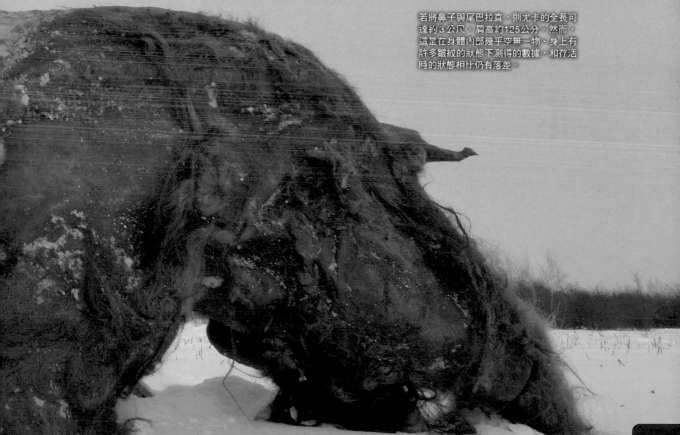

相較於非洲象更接近亞洲象的「猛獁象」

所有的象，或者說「長鼻類」的始祖，在約5500萬年前始新世早期於古地中海（參見第170頁）的附近誕生。後在600～500萬年前的中新世末，這個始祖演化出了四個屬：生存於現在非洲（熱帶）的「非洲象屬」（*Loxodonta*）；在副熱帶的印度、泰國、印尼等地遷移的「亞洲象屬」（*Elephas*）；從溫帶歐洲擴展到中亞、北印度、中國、日本的「古菱齒象屬」（*Palaeoloxodon*）；以及所謂的「猛瑪象屬」（*Mammuthus*）。猛獁象屬

真猛獁象
學名：*Mammuthus primigenius*
分類：長鼻目 象科 猛獁象屬
時代：更新世中期～晚期
雄性的肩高最大可達3.5公尺，雌性可達3公尺左右。更新世晚期，真猛獁象的棲地應為一大片草原。它們一天要吃下200～300公斤的草。

離開熱帶非洲以後，進入歐亞大陸與北美大陸，分布範圍最為廣泛。其中，真猛獁象最後遷移到了寒帶。

真猛獁象鼻子與耳朵的形狀與現生象不同，不過腳上有「肉趾」是兩者的共通點。象的始祖是具有蹄的草食動物，一開始以腳掌平貼地面行走，後來才演化成用腳趾走路。這種動物在演化過程中大型化後，光靠腳趾無法支撐其體重，故腳骨後側形成了富有彈力的組織 —— 肉趾。有「緩衝墊」功能的肉趾不僅能夠支撐巨大的身體，也能降低

走路時發出的聲音。

一般認為，真猛獁象在4000年前左右從地球上消失（有一說認為是人類加速了它們的滅絕）。

小小的耳朵
非洲象與亞洲象這種牛存在炎熱地區的象，在天氣變熱時會張開象耳散熱。而真猛獁象這種生存在寒冷地區的象沒有用耳朵散熱的需求，所以才演化成了耳朵偏小的模樣。

亞洲象（現生）　　非洲象（現生）

猛獁象　　　　　　　　諾氏古菱齒象

板齒象　　　　　　　　脊稜齒象

　　　　嵌齒象

古乳齒象　　　　　　始祖象

　　　　　曙象

長鼻類的系統樹
最古老的象可能是5800萬年前的「曙象」（*Eritherium*，又稱古獸象），但其全身樣貌仍不明。可復原全身樣貌的長鼻類中，最古老者為約4000萬年前棲息在北非的「始祖象」（*Moeritherium*）。

專欄 COLUMN

曾棲息在日本的「諾氏古菱齒象」

「諾氏古菱齒象」（*Palaeoloxodon naumanni*）是更新世中期～晚期的象類。其名源自於日本明治時代，在日本研究中央地塹帶的德國地質學家諾曼（Heinrich Naumann，1854～1927）。諾氏古菱齒象棲息在中國等亞洲相對較溫暖的地區，以長野縣野尻湖為首的日本各地也有化石出土。與猛獁象不同，諾氏古菱齒象全身披覆短毛。此外，凸出的額頭也是其特徵之一。

人類所屬的靈長類
出現於中生代白堊紀

我們人類與類人猿（黑猩猩、大猩猩等）、猴子等哺乳類同屬於「靈長類」。由基因分析結果可以推斷，靈長類大約在距今8500萬～8000萬年前出現，正值中生代白堊紀。

早期的靈長類擁有兩個其他哺乳類所沒有的特徵。其中一個是「往前直視的雙眼」。以我們人類為例，能看到立體影像是因為左右眼的視野有部分重疊。從早期靈長類的演化更可以看出，原本朝左右兩邊看的眼睛隨著演化的推進，雙眼的視線方向逐漸轉向正面。

擁有立體視覺，就更能掌握自己與獵物之間的距離，這與當時靈長類的食性有關。在靈長類剛出現時，體重應小於500公克。這樣的體重自然不可能去捕捉大型獵物，但是仰賴立體視覺的話，就可以捕捉體型小卻熱量高的昆蟲。

另一個特徵是「可以抓握的手

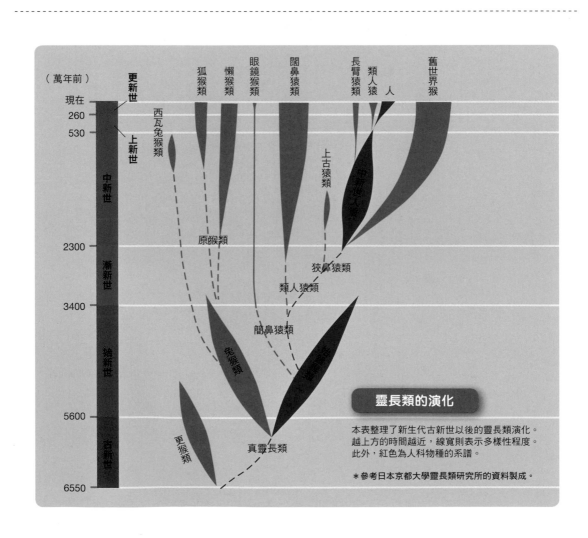

靈長類的演化

本表整理了新生代古新世以後的靈長類演化。越上方的時間越近，線寬則表示多樣性程度。此外，紅色為人科物種的系譜。

＊參考日本京都大學靈長類研究所的資料製成。

腳」，簡單來說就是可以「握拳」的構造。拇指彎曲的方向與其他四指交錯，再加上有「止滑」功能的「指紋」，讓靈長類即使待在不斷晃動的樹上也能牢牢抓住樹枝。不過，人類的腳為了適應在平地步行，已經在演化過程中失去了「拇指方向與四指

交錯」的特徵。

樹棲的雜食性
初期靈長類

初期靈長類為「樹棲雜食性」動物。那時靈長類沒有其他競爭者，幾乎獨占這個棲位。在這個

棲位占盡優勢的靈長類，體型逐漸變大。於5000萬年前的始新世中期，出現了體重超過800克的靈長類。這代表演化出了很長的腸道，可以長時間分解消化植物纖維。走上大型化之路的靈長類，最後演化出了「人類」。

> **普爾加托里猴**
> 學名：*Purgatorius*
> 分類：靈長目 普爾加托里科
> 時代：中生代白堊紀晚期～新生代古近紀古新世
> 是已發現的化石中最古老的靈長類。只有老鼠那麼大，有時會在樹上生活。

埃及猿（*Aegyptopithecus*）
棲息於漸新世早期的「狹鼻猿類」（Catarrhini），圖為頭骨複製品。眼窩（眼球所在的洞）逐漸靠向正前方。

原人猿（*Proconsul*）
棲息於中新世的「人猿」（Hominoidea），圖為頭骨複製品。人猿包括類人猿與人類（人科）。頭骨看起來與人類很相似。

＊照片：高井正成教授（日本京都大學靈長類研究所）

開始直立二足步行的
靈長類「猿人」

最古老的人類是在約700萬年前中新世晚期出現的「猿人」。直立二足步行是猿人與其他靈長類最大的差異。以靈長類中最接近人類的大型類人猿為例，行走時會將手臂伸直，雙手握拳抵著地面前進，這是一種叫做「指背行走」（knuckle-walking）的獨特步行方式。

與指背行走相比，直立二足步行對骨骼與肌肉的負擔較小，可以進行長距離移動來尋找食物。

另外，站立時視野會比較好，可以早一步看到肉食動物等天敵的接近。

從猿人到原人
再到現生人類

現生的人類「智人」（*Homo sapiens*）在距今約20萬年前登場。除了智人之外，人屬當中還有「直立人」（*Homo erectus*）、「尼安德塔人」（*Homo nean-*

derthalensis）※等。已知最古老的人屬物種是在東非發現化石的「巧人」（*Homo habilis*）與「魯道夫人」（*Homo rudolfensis*），生活在約240萬～180萬年前。

這些早期的人屬物種，有時被稱做「原人」。不過實際上，我們很難明確區別猿人與原人的差別，因為兩者化石隨時間的變化是連續的。

即使如此，人屬在演化過程中都有腦容量擴大、犬齒退化（縮

地猿（*Ardipithecus*）
生存在約580萬～440萬年前的人類「地猿」的復原插圖。是最早的人類（猿人）之一。可能是大型類人猿與人類的中間物種。

小）的趨勢，也傾向開始使用石器等工具。

另外，因為已知用火而能「調理」食物，讓肉類變得容易嚼食，下顎不再需要強壯的肌肉。於是，猿人時延伸到頭頂附近的下顎肌肉越來越小，束縛腦的力量消失讓腦有機會進一步擴大。

就像猿人、原人的登場時間難以明確定義一樣（因為發現的化石為連續變化），我們也無法確定現生人類的登場時間。另一方面，由智人的基因分析結果可知，智人起源於約20萬年前的非洲。也就是說智人始於非洲，後來逐漸擴及至全世界，為今日人類的繁榮奠定了基礎。

※：相對於智人這種「新人」，尼安德塔人等為「舊人」，兩者由共同祖先演化而來，舊人卻因為各種原因而滅絕。不過也有人認為現在的新人也混有舊人的血統。

人類的演化

右表整理了從猿人到現生智人的人類演化。長條表示透過化石確認到的時期。再者，紅色是「猿人」，橙色代表「原人以後的人類」，藍色則是「與現生人類演化方向不同的種群」。

＊參考日本京都大學靈長類研究所的資料製成。

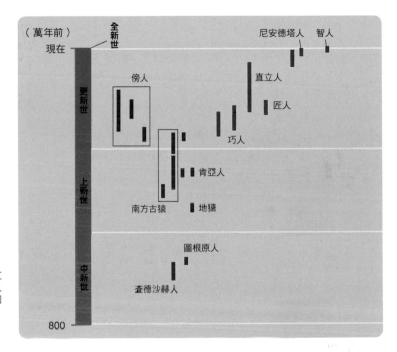

（萬年前）　全新世　　　　　　　　　尼安德塔人　智人
現在

更新世　　　傍人　　　　　　直立人
　　　　　　　　　　　　　　　　匠人
　　　　　　　　　　　巧人

上新世　　　　　　　肯亞人
　　南方古猿　　地猿

中新世　　　　圖根原人

查德沙赫人

800

查德沙赫人（*Sahelanthropus tchadensis*）
可能是最古老人類的猿人。圖為頭骨複製品。

匠人（*Homo ergaster*）
生存於更新世早期～中期的原人。圖為頭骨複製品，也稱作「圖爾卡納男孩」。

＊照片：高井正成教授（日本京都大學靈長類研究所）

基本用語解説

二疊紀

古生代的最後一個年代，約2億9900萬～2億5100萬年前。名稱（Permian）源自於俄羅斯境內的「彼爾姆」（Permskaya），此地以露出了該時代地層而知名。中文基於該地層可分成上為鎂質灰岩、下為紅色砂岩的雙層結構而稱之為「二疊紀」。

二疊紀－三疊紀滅絕事件

發生於二疊紀中期至三疊紀早期的生物大滅絕事件。不同學者對於滅絕生物比例的看法各異，不過大多都同意有9成以上的海洋物種、7成以上的陸地物種因此而消失。

三疊紀

通常作為「恐龍的時代」而為人所知，是中生代的第一個年代。約2億5100萬～2億年前。名稱源自於在德國發現的該年代地層由三層所構成。三疊紀早期時單弓類仍有一定勢力，中期以後主龍類（鑲嵌踝類、恐龍）開始崛起。

上新世

新生代的第五個年代（約530萬～260萬年前）。

大氧化事件

藍菌一口氣大量增殖，旺盛的光合作用使氧氣濃度大幅上升。該事件導致地球的氧氣濃度在約20億年前增加到了現在的100分之1左右。

小殼化石

在寒武紀大爆發前到初期的地層中發現的微小化石，大小通常不到1毫米。一般認為，小殼化石多為極小的生物或是構成生物的「零件」。

中生代

約2億5100萬～6550萬年前的時代。從古至近可分為三疊紀、侏儸紀、白堊紀。

中新世

新生代的第四個年代（約2300萬～530萬年前）。

化石

挖掘出土的生物屍骸、足跡等。有時也會發現卵、巢穴、冰封或木乃伊化的生物體化石。

古生代

約5億4200萬～2億5100萬年前的年代。從古至近可分為寒武紀、奧陶紀、志留紀、泥盆紀、石炭紀、二疊紀。

古地中海

盤古大陸在約2億年前開始分裂而產生，是太古時代的地中海。由於印度次大陸撞向歐亞大陸而消失。因撞擊而推擠抬升的地區持續隆起，於1400萬～1000萬年前（新生代新近紀）形成大山脈，也就是現在的喜馬拉雅山。

古新世

新生代的第一個年代（約6550萬～5600萬年前）。哺乳類獲得了過去由恐龍占據的棲地與食物，一口氣多樣化。

四足動物

擁有四隻腳（或是類似的四肢）的脊椎動物。包括兩生類、哺乳類、爬蟲類、鳥類等。

白堊紀

恐龍最多樣化、最繁榮的年代，是中生代的最後一個年代（約1億4600萬～6550萬年前）。「白堊」的名稱源自於該年代形成的石灰質地層的顏色。當時氣候非常溫暖，世界各地都有以裸子植物與蕨類植物為主的森林。

白堊紀-古近紀滅絕事件

發生在約6550萬年前，中生代白堊紀與新生代古近紀之間的生物大滅絕事件。可能是由小行星撞擊地球所致。

石炭紀

約3億5900萬～2億9900萬年前，是古生代的第五個年代。顧名思義，石炭紀地層內含有大量煤炭，

在18世紀的英國工業革命中扮演了重要角色。

全長

從吻部末端到尾巴末端的長度。相較於此，「體長」是指不含尾巴的身體長度；「肩高」又稱「體高」，是從腳底到肩膀（背脊）的高度；「翼展」是指翅膀張開時的寬度。

全新世

新生代的第七個年代（約1萬年前～現在）。

羊膜類

可產下有殼及羊膜的卵的動物。四足動物除了兩生類以外皆屬於羊膜類。在卵孵化以前，胚胎的水分與養分都由卵內部供應。這項特徵使脊椎動物能夠「脫離」水中生活，往大陸內部拓展生活圈。

伯吉斯頁岩

位於加拿大英屬哥倫比亞省的地層，因發現許多寒武紀生物的化石而著名。中國雲南省的「澄江」亦身為同年代化石的產地而聞名，而且還比伯吉斯頁岩早了1500萬年左右。

吻部

動物的鼻子端部。樣貌、形狀視動物而異。

志留紀

約4億4400萬～4億1600萬年前，是古生代的第三個年代。名稱源於過去存在於英國威爾斯地區的民族「志留人」（Silures）。由英國的地質學家麥奇生（Roderick Murchison，1792～1871）命名。

更新世

新生代的第六個年代（約260萬～1萬年前）。

侏儸紀

中生代的第二個年代（約2億～1億4600萬年前）。名稱源自於法國、瑞士兩國間的「侏儸山脈」（Jura

Mountains）。在此之前各生態系中的鑲嵌踝類陸續消失，該時代的代表動物群恐龍則趨於繁盛。

妮娜超大陸
約19億年前全球首次出現的巨大大陸（超大陸）。由現在的北美、格陵蘭、北歐的一部分聚集而成。隨著時間的推進，大陸時而分散、時而聚集，對陸生動物與海生動物的生態及演化等造成了莫大影響。

始新世
新生代的第二個年代（約5600萬～3400萬年前）。德國著名的「梅塞爾坑」出土許多始新世動植物化石。

泥盆紀
古生代的第四個年代（約4億1600萬～3億5900萬年前）。名稱源自於英國西南部「德文郡」（Devon）有大量的該時代地層。亦作為魚類的時代而聞名。

泛古洋
存在於大約3億年前，包圍著盤古大陸的海洋。

前寒武紀
地球的歷史從最古老的年代開始，可分為冥古元、太古元、元古元、顯生元。其中，冥古元、太古元、元古元合稱為「前寒武紀」。這段期間長達40億年左右，占了地球歷史的85%以上。顯生元可再分成古生代、中生代、新生代。

恆溫動物與變溫動物
恆溫動物指的是哺乳類、鳥類等體溫常保一定，不太受外界氣溫影響的動物。相對地，變溫動物指的是體溫會隨著外界氣溫變化的動物（哺乳類、鳥類以外的動物）。

埃迪卡拉紀
約6億3500萬～5億4200萬年前（前寒武紀晚期）。此後的生命史大多有化石紀錄為根據。此外，埃迪卡拉紀過去在俄羅斯地質年代表中名為「文德紀」（Vendian）。

恐龍
距今2億3000萬年前出現的爬蟲類。繁榮了約1億6000萬年。

脊椎動物
擁有脊椎骨的動物。名稱相似的「脊索動物」則是指體內有脊索（如脊椎骨般的棒狀支撐用器官）的動物。

蛇頸龍
三疊紀晚期出現，且在之後的1億4000萬年間繁盛於世界各地海洋的爬蟲類。名稱與外表容易讓人以為是恐龍，但其實與恐龍的親緣關係比現生爬蟲類還要遠。

雪球地球
距今約23億～22億年前以及約8億～6億年前，地球極端寒冷化，使全世界因此而凍結。南北極與高緯度地區自不用說，就連赤道也被冰層覆蓋，地表氣溫降至零下40℃，海面冰層厚達1000公尺。

魚龍
生存於三疊紀早期至白堊紀中期的海生爬蟲類，擁有適合長距離游泳的流線型身體。

寒武紀
古生代的第一個年代（約5億4200萬～4億8800萬年前）。名稱源自於首次發現該時代岩石的地點 ── 英國「威爾斯」的拉丁文名。

寒武紀大爆發
約5億4200萬～5億3000萬年前，生命突然多樣化。現今38門動物的祖先都在此時出現。

　若將46億年的地球歷史當成一天，那麼寒武紀大約始於晚上9點11分。經過不到3分鐘，生命突然多樣化。此外，關於寒武紀大爆發較具體的發生時間與期間，不同學者有各自的見解。

奧陶紀
緊接在寒武紀之後、古生代的第二個年代（約4億8800萬～4億4400萬年前）。名稱源自於英國威爾斯的民族「奧陶維斯人」（Ordovices）。

新生代
大約6550萬年前至今的年代。從古至近可以分為古近紀、新近紀、第四紀。

滄龍
白堊紀晚期出現的海生爬蟲類，在短短數百萬年內就登上了海洋生態系的頂點。有著像蜥蜴的臉部、流線型身體以及鰭狀肢，應相當擅長游泳。

猿人
在約700萬年前中新世晚期出現的直立二足步行動物，可能是最古老的人類。猿人後來演化成原人，再演化成現生智人。

漸新世
新生代的第三個年代（約3400萬～2300萬年前）。

翼龍
生活圈拓展至空中的爬蟲類種群，於三疊紀晚期出現。常被形容為「會飛的恐龍」，但實際上與恐龍是截然不同的生物。

趨同演化
源自於不同的系統，卻為了適應環境而演化成相同的形態。譬如貓科的食肉類動物「斯劍虎」與有袋類的「袋劍虎」都演化出了有利於捕食的長牙（犬齒）。

藍菌
距今30億年前前後出現的原核生物。藍菌可促使疊層石形成，並附著在其表面行光合作用，利用水與二氧化碳合成有機化合物（糖）與氧氣。

Index

▼ 索引

《地質學掛圖第八圖 第三紀化石》，日本京都大學吉田南綜合圖書館收藏。於1907年發行。

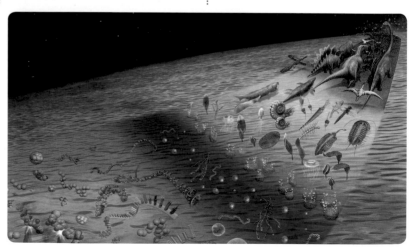

Photograph

008-009	NASA
012	shota/stock.adobe.com
014	NOAA（アメリカ海洋大気庁）
028	蒲郡市生命の海科学館
028-029	川上紳一（岐阜聖徳学園大学），京都大学総合博物館
042	京都大学総合博物館
043	蒲郡市生命の海科学館
054	舒 徳干（中国西北大学）・蒲郡市生命の海科学館
061	iStock.com/Aneese
062	iStock.com/Aneese, iStock.com/LorraineHudgins
063	国立科学博物館（日本・東京）
070	quickshooting/stock.adobe.com
074-075	三笠市立博物館
078	E. Voultsiadou - Rob W. M. Van Soest, Nicole Boury-Esnault, Jean Vacelet, Martin Dohrmann, Dirk Erpenbeck, Nicole J. De Voogd, Nadiezhda Santodomingo, Bart Vanhoorne, Michelle Kelly, John N. A. Hooper
079	lubos K/stock.adobe.com, SR Productlons/stock.adobe.com
080-081	nirutft/stock.adobe.com
082	Rostislav/stock.adobe.com
084	Fingal/stock.adobe.com
085	小松俊文（熊本大学 大学院 先端科学研究部）
094	wildestanimal/stock.adobe.com
095	shima-risu/stock.adobe.com, austinsamson/stock.adobe.com
101	足立 聡/stock.adobe.com
107	群馬県立自然史博物館
112-113	herraez/stock.adobe.com
140-141	いわき市石炭・化石館 ほるる
146	Irina K./stock.adobe.com
148	三笠市立博物館
164-165	quickshooting/stock.adobe.com
171	荒川敏治/stock.adobe.com
174-175	Vadim Petrakov/shutterstock.com
177	JL Photography/stock.adobe.com, Vladimir Melnik/stock.adobe.com
182	searagen/stock.adobe.com
186	国立研究開発法人 産業技術総合研究所 地質調査総合センター
187	富山市科学博物館
188	Rsa
188-189	Igor Kovalchuk/stock.adobe.com
189	Mark Kostich/stock.adobe.com
194-195	相原正明
199	高井正成（京都大学霊長類研究所）
201	高井正成（京都大学霊長類研究所）
205	京都大学吉田南総合図書館（Yoshida-South Library, Kyoto University）

Illustration

Cover Design	小笠原真一（株式会社ロッケン）
002-003	Newton Press, 山本 匠, 藤井康文
010～031	Newton Press
032-033	山本 匠
034-035	岡本三紀夫
036-037	小林 稔
038～053	Newton Press, （チョイア・ジェンフェンギア）加藤愛一
054-055	藤井康文
056～065	Newton Press
066～069	藤井康文
071	Newton Press, 加藤愛一
072-073	Newton Press
074	Catmando/stock.adobe.com
076	Ekler/stock.adobe.com
076-077	藤井康文
083	加藤愛一, 内藤貞夫
085	Newton Press
086～091	藤井康文
092-093	Newton Press
095	number/stock.adobe.com
096-097	小谷晃司
098	加藤愛一
098-099	おさとみ麻美
100-101	Newton Press
102～107	藤井康文
108～117	Newton Press
118-119	藤井康文
120～123	Newton Press, （プラキトラケロパン）山本 匠
124	加藤愛一
124～127	山本 匠
128	Mineosaurus/PIXTA
129	山本 匠, 藤井康文
130-131	Newton Press
132～134	Newton Press, 山本 匠
135	Newton Press, 藤井康文
136～141	Newton Press
142	栗原樹奈
143	藤井康文
144-145	Newton Press, Mineo/stock.adobe.com
146～149	（オドントケリス）Newton Press, 藤井康文
150～153	Newton Press・風 美衣, （アンキオルニス）加藤愛一
154-165	Newton Press
156-157	岡本三紀夫
158-159	Sweta/stock.adobe.com, Olena/stock.adobe.com
160-161	大下 亮
162-163	Newton Press, 藤井康文
164-165	Newton Press, Mineo/stock.adobe.com
166～169	藤井康文
170～176	Newton Press, （クジラ類の系譜）藤井康文
178-179	藤井康文
180～185	Newton Press
186-187	藤井康文
188-189	Mineo/stock.adobe.com
190-191	黒田清桐
192-193	藤井康文
195	Lysenko.A/stock.adobe.com
196-197	加藤愛一
197	山本 匠
198～201	Newton Press, warpaintcobra/stock.adobe.com, （アルディピテクス）中西立太
204	Catmando/stock.adobe.com
206	月本事務所

Staff

Editorial Management	木村直之	Design Format	小笠原真一（株式会社ロッケン）
Editorial Staff	中村真哉，上島俊秀	DTP Operation	村岡志津加
Writer	薬袋摩耶		

Galileo 科學大圖鑑系列 15
VISUAL BOOK OF THE PALEOORGANISM

古生物大圖鑑

作者／日本 Newton Press

特約主編／王原賢

翻譯／陳朕疆

編輯／蔣詩綺

發行人／周元白

出版者／人人出版股份有限公司

地址／231028新北市新店區寶橋路235巷6弄6號7樓

電話／(02)2918-3366（代表號）

傳真／(02)2914-0000

網址／www.jjp.com.tw

郵政劃撥帳號／16402311人人出版股份有限公司

製版印刷／長城製版印刷股份有限公司

電話／(02)2918-3366（代表號）

經銷商／聯合發行股份有限公司

電話／(02)2917-8022

香港經銷商／一代匯集

電話／(852)2783-8102

第一版第一刷／2023年2月

定價／新台幣630元

港幣210元

國家圖書館出版品預行編目資料

古生物大圖鑑 / Visual book of the paleoorganism/
日本 Newton Press 作；陳朕疆翻譯. --
第一版. -- 新北市：人人出版股份有限公司，
2023.02 面；　公分. --
(Galileo 科學大圖鑑系列；15)
(伽利略科學大圖鑑；15)

譯自：Newton 大図鑑シリーズ 古生物大図鑑
ISBN 978-986-461-324-3（平裝）

1.CST：古生物學

359　　　　　　　　　　　111022399

NEWTON DAIZUKAN SERIES KOSEIBUTSU DAIZUKAN
© 2021 by Newton Press Inc.
Chinese translation rights in complex characters
arranged with Newton Press
through Japan UNI Agency, Inc., Tokyo
www.newtonpress.co.jp